西部地区煤矿清洁能源综合利用研究与应用

张 勇　贾良杰　冉海舰　李春平　张 宇　主编

北 京

冶 金 工 业 出 版 社

2023

内 容 提 要

以清洁能源推动绿色低碳发展是人类应对全球气候变化的重要路径。在以清洁能源助力绿色发展、人与自然和谐共生理念的指引下，本书全面阐述了西部地区煤矿清洁能源综合利用技术及应用，具体内容包括生活办公区域碳晶供暖及自动控制、矿井水余热提取供暖、风井乏风余热换热供暖和井筒防冻保温、空气压缩机节能改造及余热利用，以及地面分布式光伏发电技术，并列举了清洁能源综合利用技术应用案例及其经济效益和社会意义。

本书可供矿业工程、能源与动力工程、能源与环境系统工程领域的相关工程技术人员、科研人员，以及高等院校相关专业师生阅读参考。

图书在版编目 (CIP) 数据

西部地区煤矿清洁能源综合利用研究与应用/张勇等主编. —北京：冶金工业出版社，2023.10

ISBN 978-7-5024-9519-0

Ⅰ.①西…　Ⅱ.①张…　Ⅲ.①煤矿—废物综合利用—研究—中国　Ⅳ.①X752

中国国家版本馆 CIP 数据核字（2023）第 099151 号

西部地区煤矿清洁能源综合利用研究与应用

出版发行	冶金工业出版社	电　话	(010)64027926
地　址	北京市东城区嵩祝院北巷 39 号	邮　编	100009
网　址	www.mip1953.com	电子信箱	service@ mip1953.com

责任编辑　夏小雪　美术编辑　吕欣童　版式设计　郑小利
责任校对　范天娇　责任印制　窦　唯
三河市双峰印刷装订有限公司印刷
2023 年 10 月第 1 版，2023 年 10 月第 1 次印刷
710mm×1000mm　1/16；9 印张；154 千字；134 页
定价 52.00 元

投稿电话　(010)64027932　投稿信箱　tougao@cnmip.com.cn
营销中心电话　(010)64044283
冶金工业出版社天猫旗舰店　yjgycbs.tmall.com
（本书如有印装质量问题，本社营销中心负责退换）

前　　言

习近平总书记在党的二十大报告中提出要"深入推进能源革命"。发展清洁能源是我国能源发展的必然选择，也是实施可持续发展国家战略的必然要求。以煤炭资源为主体的化石能源的过度开采及使用，在生态、气候、环境等方面引发了不同程度的现实危机。在绿色发展理念的指引下，我国能源消费结构发生积极变化，煤炭消费占比从2012年的68.5%下降到2021年的56%，清洁能源消费占比从2013年的15.5%上升到2021年的25.5%。近年来，我国的碳消费强度已经有了明显降低，但目前消费强度仍明显高于世界平均水平。西部地区煤炭、石油、天然气、水能、太阳能、风能等能源资源丰富，具有较大的开发潜力。大力发展西部地区清洁能源对保障我国能源安全具有重要意义。

本书聚焦西部地区煤矿清洁能源综合利用研究，以内蒙古上海庙能源有限责任公司榆树井煤矿为实例，对矿山清洁能源综合利用技术及应用进行系统阐述。首先，阐明清洁能源综合利用的必要性和研究意义。然后，以清洁能源综合利用技术原理、应用情况为重点，分别对生活办公区域碳晶供暖及自动控制、矿井水余热提取供暖、风井乏风余热换热供暖和井筒防冻保温、空气压缩机节能改造及余热利用，以及地面分布式光伏发电技术研究进行系统描述，旨在为国内煤矿通过技术改造实现清洁能源综合利用提供借鉴。

　　本书将理论分析与工程应用相结合，对西部地区煤矿清洁能源综合利用技术进行了较为全面的阐述。参与本书编写工作的还有陈建刚、张宝斌、王均明、侯海龙、郝清旺、刘统申、王涛、白建波、王顺德乐、孙建国、蔡贵平、谢洪刚、田丰、宋德堂、张兴卫、贺明明、张和、李波、张慧芳、苏小波、张帅、薛行舟、祁伟、梅长凯、朱兴明、孔庆明、宋维杰、肖太永、张怡涛、高翔飞、李曙光、黄建辉、梁兆乾、陈洪利、崔永江、王清涛、左伯承、蒋峰、刘继宗、贾鑫等。

　　本书在编写过程中参考了相关的文献资料，在此向其作者表示衷心的感谢！

　　由于作者知识与水平有限，书中难免存在疏漏，敬请同行专家、广大读者批评指正。

编　者

2023 年 7 月

目　　录

1 绪 论

1.1 能源结构转型必要性

1.1.1 能源是人类发展的基石

能源是人类生存不可或缺的物质资源，为现代经济发展提供了重要支撑。能源被广泛应用于运输、工业、建筑等各领域。汽车、飞机、火箭等运输工具都需要能源提供燃料和动力。在工业领域，大量的机械和设备需要能源来驱动。在建筑领域，能源也扮演着重要角色，照明、供暖、通风等系统都需要足够的能源作基础。如果没有能源，人们将难以熬过寒冷的冬夜和酷热的夏天，也无法使用方便快捷的运输工具及通信技术。

近年来，伴随着经济持续快速增长，能源需求量急剧攀升。以煤炭、石油、天然气为主体的化石能源储量锐减。甚至，在不久的将来，人们可能面临化石能源枯竭的窘境。化石能源指可以作能源使用的化石，它是上古时期遗留下来的动植物残骸在地层中经过百万年至数亿年复杂的物理及化学变质作用演变形成的能源。煤炭的形成过程可分为两个阶段，第一阶段为泥炭化作用阶段。该阶段中，枯竭、死亡的动植物残骸在细菌作用下分解最终形成淤泥物质（泥炭）。第二阶段为煤化作用阶段，即泥炭向褐煤、烟煤转化。该阶段又可进一步分为两个过程：一是成岩作用过程，泥炭在压力作用下不断被压实、失水，逐渐形成较为致密的褐煤；二是变质作用过程，在高温作用下，褐煤逐渐转变成烟煤、无烟煤、石墨。

能源与人类的生存发展息息相关，早在远古时期，人类就已学会运用火石制造火花。追溯到19世纪初期，蒸汽时代到来，人类将化石能源真正运用起来，利用蒸汽机将蕴藏在化石燃料中的能量转化为可以利用的机械能。化石能源的使用极大地刺激了工业、航海、铁路等行业的发展，并引发了一次世界性的工业革命。19世纪80年代后，石油、天然气的利用逐渐兴起，成为各国家重要发展动力，并依靠它们创造了人类历史上空前的物质文明。

随着技术发展，世界能源体系发生了巨大演变，从柴薪时代、煤炭时代、油气时代，再到全新的低碳时代。能源转型是一个复杂、漫长的过程。第一次能源转型起源于英国，由柴薪时代转变为煤炭时代。从 1560 年开始，英国形成煤炭能源系统，直到 17 世纪初期，英国煤炭消费占比达到最高（49.1%），领先世界200 余年，完成了转型。随着技术的进步，煤炭消费占比持续增加，最高达97.7%。从世界层面看，第一次能源转型开始于 19 世纪 40 年代，此时，以煤炭为主的矿物能源占比达到全球能源消费总量的 5%。1913 年，煤炭在能源结构中的占比达到峰值（70%）。此后，煤炭占比逐渐降低，2018 年煤炭在全球一次能源消费中的占比仅为 27.2%。

20 世纪 10 年代初期，能源发生第二次转型，即从煤炭时代转向油气时代。1973 年，石油代替煤炭成为第一大能源，在能源结构中的占比约为 49.8%。随后也呈现出和煤炭相同的变化趋势，即石油占比逐渐降低，但在能源结构中处于第一大能源的地位没有改变。直到 2018 年，石油在全球一次能源消费中的占比为 33.6%。在第二次能源转型过程中，美国是第一个发起的国家。1950 年，石油消费总量占比上升至 38.4%，成为美国主体能源，意味着美国完成能源转型。

能源是推进世界发展的主要动力。从世界能源体系演变过程来看，每次能源转型都伴随着工业革命。蒸汽机的发明是第一次工业革命的标志。在机械化时代，人们使用煤炭资源为机械化提供动力，代替人力、畜力等传统手工生产方式，生产效率、生产成本不断降低。第二次工业革命后，从机械化时代进入电气时代，能源以石油和天然气为主体，被大规模开发和利用。世界能源体系演变过程如图 1-1 所示。

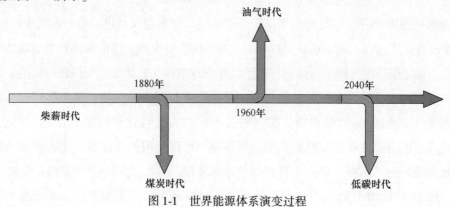

图 1-1 世界能源体系演变过程

1.1.2　国内外化石能源储量变化

储量是指目前技术经济条件下，在给定的时间内，从已知储层中能够有效开采出来的资源数量。

资源量指在未来一段时间内，在预期的技术和经济条件改善的情况下，能够实现商业化开采的资源数量，既包括已发现的储层中不能开发利用的资源，又包括目前尚未被发现的资源。世界各地区常规天然气资源量、石油资源量、煤炭资源量如图 1-2~图 1-4 所示。

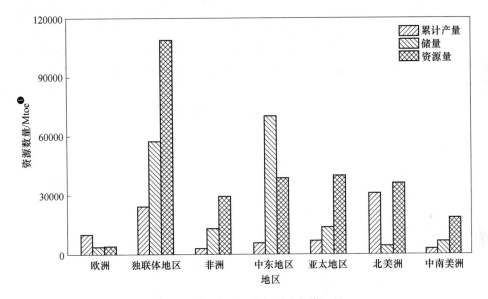

图 1-2　世界各地区常规天然气资源量

伴随着经济持续快速增长，我国的能源与环境问题日渐突出。

中国能源禀赋的基本特征是富煤、贫油和少气，化石能源对外依存度达20%，其中石油、天然气和煤炭对外依存度分别约为73%、43%和10%。我国化石能源储量、分布处于动态变化中。根据《中国矿产资源报告》数据显示，2011—2017 年我国煤炭探明储量逐渐增加，其中西部地区资源储量占主体地位，占全国增量的90%以上。2017 年，煤炭勘查新增储量超过 50 亿吨的煤炭矿区有3 个，全部分布在新疆。

---

❶　Mtoe 为百万吨油当量。

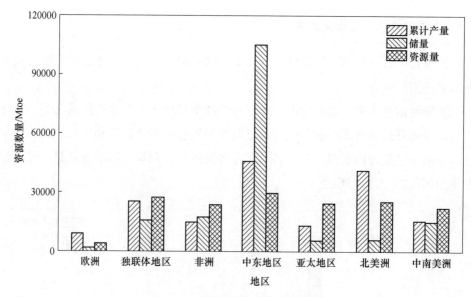

图 1-3 世界常规石油资源量

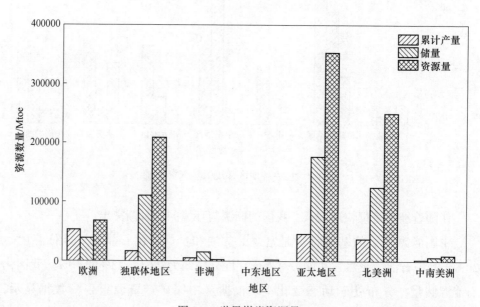

图 1-4 世界煤炭资源量

　　我国煤炭、石油、天然气新增储量变化情况如图 1-5~图 1-7 所示。相比于煤炭资源，我国石油储量增长态势较缓。2012 年，我国石油探明储量增幅最大，约为 15.2 亿吨。随后石油储量增长态势放缓。2015 年，我国石油探明储量大幅增加，新增探明储量 11. 18 亿吨，新增探明技术可采储量 2. 17 亿吨，同比增长 13%，新增探明技术可采储量 2. 7 亿吨，同比增长 7%。2016 年、2017 年新增探明石油储量分别为 9. 14 亿吨和 8. 77 亿吨，呈进一步延续下降趋势。此外，新增探明地质储量质量也严重下降，增加了资源开采难度。

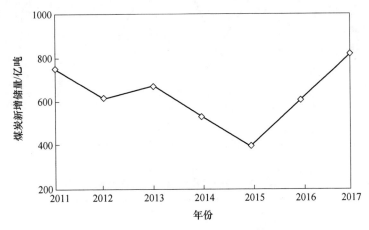

图 1-5 我国煤炭新增储量变化情况

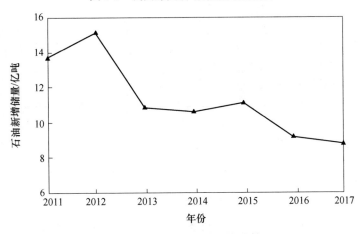

图 1-6 我国石油新增储量变化情况

我国天然气储量增长较快，自 2004 年连续 14 年新增探明地质储量超过 5000 亿立方米。2014 年天然气储量出现峰值，增量达到 1. 11 万亿立方米，相比于 2013 年增长约 80%。

根据自然资源部发布的信息，截至 2021 年底，全国煤炭、石油、天然气储量分别为 2078. 9 亿吨、36. 9 亿吨、6. 3 亿立方米。2021 年底全国矿产资源储量见表 1-1。

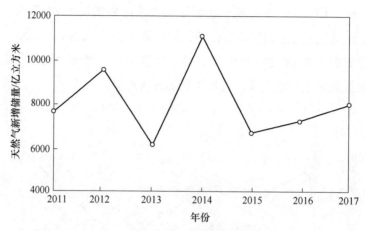

图 1-7 我国天然气新增储量变化情况

表 1-1 2021 年底全国矿产资源储量

序 号	矿 种	单 位	储 量
1	石油	亿吨	36.9
2	天然气	万亿立方米	6.3
3	煤炭	亿吨	2078.9
4	铁矿（矿石）	亿吨	161.2
5	钼矿（金属）	万吨	584.9
6	锑矿（金属）	万吨	64.1
7	金矿（金属）	t	2964.4
8	银矿（金属）	万吨	7.2

煤炭是我国能源资源支柱，由于多年来高强度开采，煤炭资源品位呈逐渐下降趋势。对比折合成标准煤与原煤消费总量和实际消费总量，发现二者之间的距离越来越大。2007 年后折合系数不断下降，到 2010 年时折合系数低于标准折合系数，从这个角度也可以说明我国煤炭品位在不断下降。此外，我国煤炭资源主要分布在内蒙古、陕西、新疆等西部省（区），据 2016 年统计，这 3 个省的煤炭资源储量分别为 510.27 亿吨、162.93 亿吨、162.31 亿吨；北京、江苏、上海、广东、浙江等经济发达地区的煤炭资源储量十分匮乏，为 13.71 亿吨，仅占全国煤炭资源总储量的 0.55%。

渤海湾（胜利油田）、松辽（大庆油田、辽河油田）、塔里木（塔里木油田）、鄂尔多斯、准噶尔（克拉玛依油田）、珠江口、柴达木（青海油田）和东海陆架（江苏油田）八大盆地是我国石油资源集中分布地。据 2017 年相关数据统计，其可采资源量为 172 亿吨，占全国可采资源量的 81.13%。我国石油大部分依赖国外进口，长距离运输过程中面临恐怖主义、地区冲突、地缘冲突等风险，导致进口石油成本不断增加。

伴随着世界煤炭贸易的增长，煤炭供应的世界格局也在发生变化。从 2009 年始，我国由煤炭出口国变成了煤炭净进口国，2017 年进口煤炭 2.7 亿吨，约占总消费量的 6%。随着我国对石油、天然气需求量的增加，两种资源的对外依存度也逐年上升。1998 年我国石油对外依存度为 17.22%，2005 年对外依存度变为 42.9%，2017 年对外依存度为 68.6%，目前已经超过 70%，约是 1998 年的 4 倍，国家能源安全已经成为不可忽视的问题。我国石油对外依存度变化情况如图 1-8 所示。

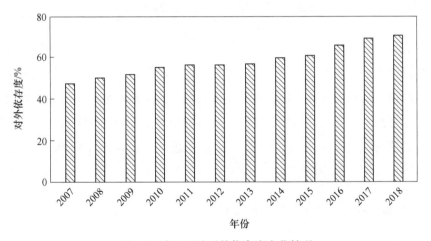

图 1-8　我国石油对外依存度变化情况

我国天然气供应也具有不平衡的特征。我国天然气储量分布主要集中在中西部地区，但我国天然气需求主要集中在中部和南部。例如，渤海湾、四川、松辽、准噶尔、莺歌海—琼东南、柴达木、塔里木、鄂尔多斯等盆地，其储量累计 46 万亿立方米，占全国天然气总资源储量的 82%，其中可采储量为 18.4 万亿立方米，占全国天然气可采储量的 83.64%。从地理环境分布看，我国石油可采资源有 76% 分布在平原、浅海、戈壁和沙漠，天然气可采资源有 74% 分布在浅海、沙漠、山地、平原和戈壁。天然气输送工程量大、周期长、固定资产投资巨大。此外，随着近些年人工、材料价格上涨，管道建设成本大幅上涨，我国天然气管道总里程变化情况如图1-9所示。

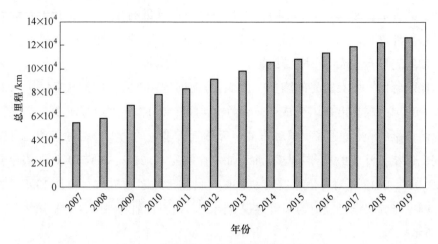

图1-9 我国天然气管道总里程变化情况

资源的开采、运输对生态环境造成了严重破坏，2010—2016年我国环境保护年均进步率为0.34%，山西环境保护年均进步率为-1.52%，相差1.86%。内蒙古、陕西、贵州同山西一样，大规模、高强度的煤炭开采对当地原本脆弱的生态环境破坏巨大，环境外部性已经凸显。新疆维吾尔自治区的煤炭开发相对晚一点，自治区提出"环保优先，生态立区"的理念，倡导走"资源开发可持续，生态环境可持续"的道路。

1.1.3 化石能源过度使用引发现实危机

随着智能化时代的到来，人类拥有了更强大的能力改造自然。由于对这种强大力量无限制的使用，在全球范围内已经造成了严重后果。这些危机主要表现为生物多样性锐减导致生态失衡，水土资源破坏导致环境污染、化石、矿物资源衰竭导致地缘政治风险。由温室气体排放引发的全球气候变化已经给全人类的可持续发展带来了严峻的现实挑战，减排温室气体已经成为世界共识。

1.1.3.1 生态危机

化石能源的长期大量使用，对生态系统造成了巨大损害。化石能源的开采、储存和运输直接破坏了地表植被、地下径流和海洋生态，造成地面沉降、地下水污染，同时，在提炼、转化、燃烧、分解过程中会释放出大量SO_2、氮氧化物等有害气体和有毒粉尘。

（1）植被遭破坏，沙尘暴肆虐。近些年沙尘天气频发，特别是 2021 年，一场始发于蒙古国的近十年来最大沙尘暴席卷了包括中国北部、日本和韩国大部分地区在内的东亚地区，造成重大影响（见图 1-10）。大多数荒漠化都与自然因素或气候变化直接相关。在过去的几十年中，蒙古国的年平均气温上升约 2.25℃，远远高于全球年平均气温上升速度。更为惊人的是，蒙古国总土地面积的 76.8%已经遭受不同程度的荒漠化。蒙古国的年均降水量减少 7%~8%，特别是春夏等暖季降水量减少幅度十分严重。过度开采煤矿等人类活动的加剧导致了蒙古国生态和气候环境急剧变化。

(a)   (b)

图 1-10　沙尘天气严重影响人类生活
（a）沙尘暴中行驶的汽车；（b）沙尘暴席卷城市

（2）生物多样性锐减。世界野生生物物种正以惊人的速度消失。《生物多样性公约》指出，生物多样性是指所有来源的形形色色的生物体，这些来源包括陆地、海洋和其他水生生态系统及其所构成的生态综合体；它包括物种内部、物种之间和生态系统的多样性。近百年来，由于人类对资源的不合理开发，加之环境污染等原因，地球上的各种生物及生态系统受到了极大冲击，生物多样性也受到了很大的损害。过去几十年陆地系统生物多样性丧失的最重要、直接的驱动因素是土地使用的变化，土地资源的不合理占用直接导致物种栖息地减少，使很多动植物"无家可归"。世界自然基金会在 2018 年发布的地球生命力指数显示，从1970—2014 年的 44 年间，全球野生动物种群数量消亡了 60%。在全球范围内，拥有全球最大热带森林的拉丁美洲生物多样性丧失最为明显。而土地和海洋利用的变化，包括栖息地的丧失和退化是生物多样性面临的最大威胁。世界自然基金会和伦敦动物学会发布的《地球生命力报告 2020》指出，目前全球陆地生物多样性已经岌岌可危，全球平均生物多样性完整性指数仅有79%，远低于安全下限值（90%），并且仍在不断下滑。

（3）水资源污染。水资源是生态系统的重要组成部分，同时也是人类及各种生物生存的必需资源。我国水资源较为丰富，淡水资源量位居世界前五。但由于我国人口众多，人均资源占有量较少。我国正处于经济技术发展的关键时期，矿产资源开发需求迫切。地下资源的开采，破坏了原有地下空间结构，进而改变了原有水动力条件，矿井水携带污染物会对地下水造成串联污染，严重影响地下水质量。被污染的地下水会对土壤、植被造成不同程度的影响。污染水一旦流入湖泊、河流，会造成水中生物的大量死亡，进而破坏生物多样性，影响生态系统平衡。不同类型矿山的废弃物含有的化学成分不同，对地下水造成的污染也不尽相同。例如，含有重金属的矿山对地下水的污染远大于非金属矿山。重金属对环境及地下水的污染具有长期性、隐匿性、不可恢复性等特征。酸性矿井水进入地表水体，会使地表水的pH值变小，使水体呈酸性，对水中的微生物及其他水生生物的生长发育会有抑制作用。当pH<4时，鱼类会大量死亡，会破坏水体原有的生态系统。金属铬对水资源的污染如图1-11所示。

图1-11　金属铬对水资源的污染

1.1.3.2　气候危机

能源及与之相关的环境问题已成为世界各国最为关注的热点，部分国家从工业革命以来无节制地消耗化石能源，已导致以全球气候变化为代表的生态危机。人类对化石能源的高度依赖、化石能源的固有弊端和大量无节制消耗，已经成为影响人类可持续发展的现实危机。

化石能源是远古碳基生物形成的化石,其燃烧产生的 CO_2 是温室气体的主要成分,燃烧 1t 标准煤可产生约 2.7t 的 CO_2,过多的温室气体超过了自然的消纳转化能力,造成全球性气候变暖。

1995 年联合国政府间气候变化专门委员会(IPCC)发布了第二次气候变化评估报告(FAR),指出人类活动对气候变化的影响有迹可循。2001 年第三次评估报告(TAR)认为,人类活动影响气候变化的可能性超过 66%。2007 年第四次评估报告(AR4)指出,人类活动影响气候变化的可能性为 90%。2013 年第五次评估报告(AR5)认为,人类活动在导致气候变暖的诸多因素中占 50% 以上。2021 年第六次评估报告(AR6)指出,从工业革命以来,人类活动导致全球升温约 1.09℃,2020 年陆地表面和海洋表面分别升温 1.59℃ 和 0.88℃。

由于全球气候变化所导致的地表平均温度升高、水循环系统失衡、海平面上升、降水规律改变、极端天气事件频发和强度增加所引发的一系列气候问题,严重威胁着人类的生命与健康。气候变化是全人类共同面对的全球性问题,保护大气环境、控制 CO_2 排放和防止气候变暖是全人类的共同责任。

全球不同地区各类系统的气候变化情况如图 1-12 所示,包括气候变化归因、影响归因和天气敏感性识别研究结果。其中,受气候变化影响的系统包括陆地生态系统、海洋生态系统、海岸系统、水系统、食物系统和人类社会。

(1)极端天气。2019 年,俄罗斯西伯利亚地区发生持续月余的森林大火,焚毁了 $2.6×10^4 km^2$ 的原始森林。同年,南美洲亚马逊森林大火焚毁了数万平方千米热带雨林,非洲刚果盆地的原始森林也发生了类似的巨大火灾。森林大火与气候变化密切相关,如果全球温度升高 2℃,气候变化将使发生火灾的可能性增加 4 倍,反之,森林火灾又会影响气候变化,使极端气候出现的频率增加。

根据国家气候中心的研究,过去 10 年间,我国发生极端天气频率逐渐增加,包括台风、强对流天气和暴雨等。广东、福建、湖南、湖北、江西等省受台风、暴雨影响最大。华东的江浙地区和西南川渝地区受到极端暴雨天气影响次之。对于采取稳定化修复或长期监测的场地而言,极端天气可能会将阻隔工程淹没、监测设备破坏、加大污染物浸出和迁移风险等,从而给修复效果的长期稳定性带来不利影响。据统计,我国每年因极端天气事件引起的灾害造成的直接经济损失超过 2000 亿元。这导致农业产量不稳定性急剧增加,如 2011 年,我国耕地累计面

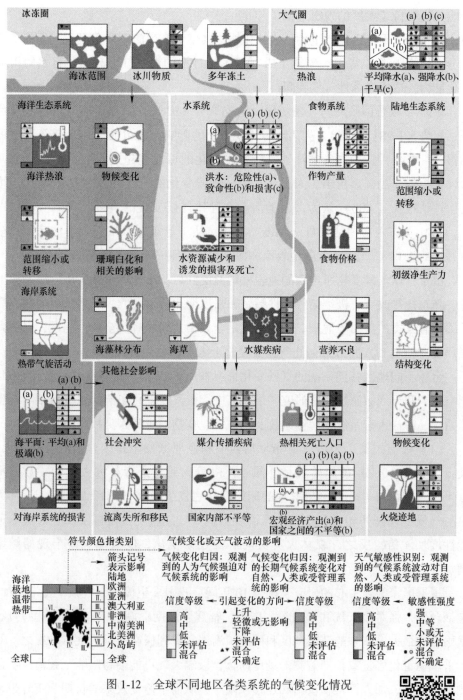

图 1-12 全球不同地区各类系统的气候变化情况

(气候变化的影响归因：来自 IPCC AR6 WGⅡ 的新认知)

图 1-12 彩图

积 4.8 亿亩❶遭受旱灾影响，导致 2258 万亩绝收，造成粮食损失 2320 万吨，直接经济损失 1028 亿元。受旱灾影响，全年共有 2895 万人、1617 万头大牲畜遭受饮水困难问题。

旱区是指降水不足以补偿地表蒸散发的区域，全球面积达 $5100×10^4 km^2$，约占全球陆地表面积的 41%，养育着全球超 20 亿人口。旱区对全球陆地的生态系统平衡具有重要作用，为人类生存发展提供了基础。然而，工业革命以来，由于化石能源过度使用，增温显著而降水稀少问题凸显。相对其他地区，旱区对全球气候变化表现得更为敏感，极端干旱事件和高温热浪等事件频发。全球旱区频繁且长时间干旱对人类社会发展产生巨大影响，尤其会给农业生产带来巨大损失。

（2）全球变暖。据报道，2021 年阿曼、科威特和阿联酋等国夏季气温超过了 50℃，均达到或刷新了国家纪录。最新研究表明，超过 1/3 与夏季高温相关的死亡是由人为气候变化造成的，随着全球气温不断升高，死亡人数会更高。我国 1951—2021 年间平均气温变化情况如图 1-13 所示。

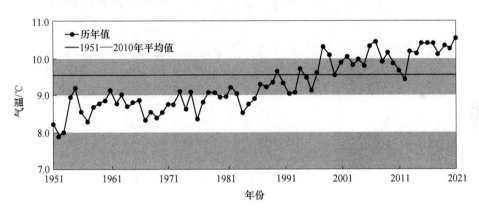

图 1-13　1951—2021 年我国平均气温变化情况

图 1-13 为 1951—2021 年我国平均气温变化情况，由图可知，平均气温总体呈上升趋势，相比 70 年前我国平均气温增高约 2.5℃。2019 年 12 月，位于北半球的俄罗斯莫斯科本应该是被冰雪覆盖，但其温度达到历史之最，最高温度达到了 6℃。与此同时，位于南半球的澳大利亚也打破了纪录，全国平均气温达到了 41.9℃，而位于澳大利亚南部的 Nullarbor 的年均气温达到了 49.9℃。

---

❶　1 亩约为 $666.67 m^2$。

全球变暖是冰川融化（见图1-14）加剧的根本诱因，造成海平面上升超过安全潮位。阿拉伯国家大多地处三洲五海之地，享有地中海、红海、阿拉伯海以及大西洋沿岸的广阔海岸带，大部分人口居住在沿海人口密集的城市。例如，埃及、卡塔尔、阿联酋、科威特和突尼斯有高达5%的陆地位于海拔不到1m的地方，海平面的轻微变化可能会对海岸线造成毁灭性的影响。

图1-14 冰川融化

据我国科学家研究，20世纪60年代以来，东海的海平面平均上升率为每年2.9mm；与1990年相比，上海地区绝对海平面到2030年将上升9cm，到2050年将上升18cm。

全球气候变化可通过一系列复杂的过程对人类健康造成严重影响。全球气候变暖会使登革热、疟疾等虫媒传染病的媒介能力得到增强，发病例数呈上升趋势。温度升高会导致食源性传染病的风险增加，在中国香港地区，气温为30.5℃时沙门氏菌入院治疗风险是气温为13℃时的6.13倍。在美国月平均气温>30℃时心理健康问题就诊率增加约0.5%；月最高气温每上升1℃，心理健康问题就诊率会增加约2%，而墨西哥和美国的自杀率分别增加2.1%和0.7%。

（3）地缘政治风险。目前，全球能源经济和地缘政治不断发生变化。技术创新和成本下降推动了化石燃料向可再生能源转变，使可再生能源越来越像传统能源一样具有竞争力。这种全球能源结构转型已经成为一股重要的地缘政治力量，改变着地区和国家的权力结构。同时，地缘政治的转变也为全球能源经济带来新的风险。

能源危机通常是经济危机的前兆。以第一次石油危机为例，1973年12月是海湾国家石油禁运最严重的时期，美国工业产值下降了14%，严重依赖石油进口的日本的工业产值下降了20%以上，全球所有工业化国家的经济增长都明显放缓甚至衰退。化石能源的埋藏是随机的，储量空间分布不均衡。在经济全球化背景下，全球工业体系、经济体系都围绕化石能源的开发利用构建，一些国家或地区天然缺乏化石能源，造成这些国家或地区支撑经济社会发展的基础动能缺失，直接导致了国家和地区之间越来越大的贫富差距。对国家而言，掌握了能源的主动权就掌握了发展的主动权。工业革命之后，化石能源成为国与国之间竞争、博弈、结盟、媾和的焦点。

正如联合国第九任秘书长古特雷斯所言，"为了保障能源安全、获得稳定的电价、实现繁荣、使地球宜居，唯一正确的途径是放弃污染环境的化石燃料，加速转向可再生能源。"人类正面临着经济发展和生态危机的双重考验。发展可再生能源关乎全人类的未来。

1.2　国内外清洁能源利用发展现状

党的十九大报告提出，中国社会现阶段的主要矛盾为人民日益增长的美好生活需要和发展的不平衡不充分之间的矛盾，这一提法符合现实的经济发展情况，也反映了收入水平提高后公众对美好生活的迫切需求，这也是中国低碳清洁发展意义的基本背景。发展清洁能源是我国保障能源供应安全、应对气候变化、改善环境质量的有效途径，具有重大战略意义。

可持续发展是指既满足当代人的需要，又不对后代人满足其自身需求能力构成危害的发展。这就是说，对于地球上的资源，我们必须有计划地、合理地、高效地加以利用，而且尽量不产生或极少产生其对环境的影响。我们不仅利用现有的能源，更需要开发其他能源以满足自身及后代的需求，而这些开发的能源应对环境没有影响或危害甚小。因此，能源的开发就是实施可持续发展战略的重要举措，它可以有效解决当今世界所面临的"能源危机"，既能充分满足当代人对能源的需求，又能满足子孙后代对其的需求。

1.2.1 清洁能源概述

能源包括可再生能源和非再生能源两大类。

可再生能源，是指原材料可以再生的能源，如水能、风能、太阳能、生物能（沼气）、地热能（包括地源和水源）、海潮能、氢能等。可再生能源（新能源）消耗后可得到恢复补充，不产生或极少产生污染物。因此，可再生能源的开发利用日益受到许多国家的重视，尤其是能源短缺的国家。

不可再生能源，在生产及消费过程中尽可能减少对生态环境的污染，包括使用低污染的化石能源（如天然气等）和利用清洁能源技术处理过的化石能源。

能源分类如图 1-15 所示。

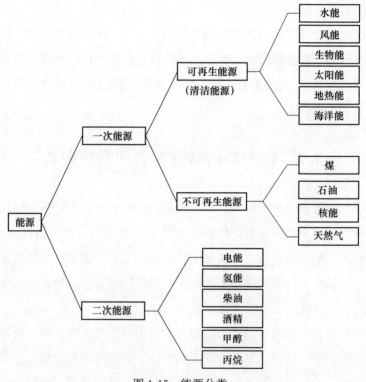

图 1-15 能源分类

清洁能源，即绿色能源，是指不排放污染物、能够直接用于生产生活的能源，主要包括以下能源。

1.2.1.1 太阳能

太阳能热利用技术的应用原理为：运用相应的集热器将太阳光产生的辐射能

有效收集起来，然后在特定设备中利用物质间的反应和作用将辐射能转化为热能并加以利用（见图1-16）。

图1-16 太阳能利用系统

据相关机构测算，每年中国陆地区域所接收到的太阳能辐射总量在3300～8400MJ/m²之间，相当于2.4×10¹²t标准煤燃烧所释放的能量。而按照中国太阳能光照条件的划分标准，属于前三类太阳能光照条件的地区占中国国土面积的2/3以上，这些地区的年太阳能辐射量均约5000MJ/m²，光照时间均在2000h以上。其中，一类地区为全年日照时数为3200～3300h，二类地区为全年日照时数为3000～3200h，三类地区为全年日照时数为2200～3000h。

1.2.1.2 风能

我国位于亚欧板块东部，东临渤海、黄海、东海、南海，与太平洋相望。辽阔的海域给我国带来了巨大的海洋风能。风能是一种可再生能源，使用起来清洁安全、效率高，而且对环境不会产生不良作用。

风能是地球上重要的能源之一。据估计，到达地球的太阳能中只有约2%转化为风能，但其总量仍十分可观。据世界气象组织估计，地球上可利用的风能为2×10⁷MW，为可利用的水能总量的10倍。风中含有的能量比人类迄今为止所能控制的能量都要高出许多。近几十年来，风力发电（见图1-17）这一风能利用形式随社会进步、经济迅猛发展已变得越来越重要，受到世界各国的高度重视。

图 1-17　风力发电

1.2.1.3　地热能

地热能"家族"庞大。通常说的地热能指赋存于地球内部岩土体、流体和岩浆体中且能够被人类开发和利用的热能，包括土壤源、地下水源和地表水源 3 类浅层地热能，以及水热型中深层地热能和干热岩地热资源。人们熟知的温泉和用于取暖的地源热泵，都属于典型的地热能利用方式。

我国地热能资源丰富，自然资源部中国地质调查局调查评价结果显示，336 个地级以上城市浅层地热能年可开采资源量折合 7 亿吨标准煤，全国水热型地热资源年可开采资源量折合 19 亿吨标准煤，深埋在 3000 ~ 10000m 之间的热岩资源量折合 856 万亿吨标准煤。相对 2021 年我国全年 52.4 亿吨标准煤的能源消费总量，地热能可谓一座巨大的能源宝库。

"十三五"时期以来，我国地热行业取得了显著发展。截至 2020 年年底，我国地热直接利用规模 40.6GW，在全球占比 38%，连续多年位居世界首位。我国地热能供热制冷面积累计达 $13.9 \times 10^8 m^2$，近 5 年年均增长率约为 23%。在北方地区冬季清洁取暖推广中，地热能供暖已经扮演了重要角色，一些城市新区、县城利用地热能已实现 100% 清洁供暖。

有资料显示，美国 2009 年地热能发电量为 3200MW，相当于 4 个大型核电站可生产的电量总值，为此当年美国的石油节省 7500 多万桶。现阶段，全世界 30 个国家拥有 200 多万个的地热泵用于建筑制冷和制热。

1.2.1.4 生物能

生物能，又称生物质能源，是蕴藏在生物质中的能量，指直接或间接地通过绿色植物的光合作用能转化为化学能后固定和贮藏在生物体内的能量。合理开发利用可再生生物能源可以缓解能源危机，减少温室气体排放，维持碳平衡，其污染小，相比化石能源有巨大的储存量。且生物能源产业是一种密集型能生产形式，大力发展生物能产业可以解决三农问题。

生物能是以生物质为载体的能量，是绿色可再生能源。生物能产业已成为近年来全球性新兴产业。生物能来源广、原料多样，几乎有机物均可用作原料。其中包括糖质原料、淀粉原料、木质纤维素原料、非食用油脂原料和其他有机废弃物等。

1.2.1.5 潮汐能

潮汐能主要有两种利用形式。一种是利用潮水的动能。由于涨潮与退潮时的水流流速很高，直接利用潮流这种巨大的动能推动水力机组发电，就是潮流发电，与风力发电方式类似。但如果仅利用潮水的动能，就会造成潮汐能的浪费。这是因为潮水的涨落不但拥有强大的动能，还有位能、压能等势能。因此，就潮流发电而言，目前应用较少。

另一种是建造大坝（见图1-18），通过大坝蓄水，利用落差发电，这种重点利用潮汐的位能、压能等势能的发电方式即潮位发电，其发电原理与水力发电中

图 1-18 三峡大坝

的抽水蓄能原理类似，但抽水蓄能电站一般为正向水轮机发电运行，反向为水泵耗电运行，潮汐电站的水力机组则兼具正反向发电、泵水功能，既可双向发电也可在需要时双向泵水。潮汐电站是在涨期时，水库中的水位低于河（海）的水位，大量河（海）水会通过机组流道进入水库，海水冲走水轮机，水流动能和势能就转化为水轮机的机械能，而水轮机又带动发电机旋转发电，最终产生电能；退潮时，水库中的水位高于河（海）的水位，河（海）水由水库注入河（海）时又带动水轮发电机组转动。

1.2.2　国内清洁能源利用技术发展现状

中国新能源与可再生能源发展的战略目标是，到 2020 年，新能源与可再生能源成为能源供应体系中的有效补充能源，每年提供 6 亿吨标准煤以上的能源供应量，使新能源与可再生能源在中国一次能源消费总量中的占比约达 15%。同时，使现有新能源与可再生能源技术趋于成熟，具备更大规模发展的条件。到 2030 年，使新能源与可再生能源在新增能源系统中占据主要地位，成为能源供应体系中的主流能源之一，每年提供 10 亿吨标准煤以上的能源供应量，在一次能源消费总量中的占比约达 20%。到 2050 年，受资源的限制，化石能源的供应已经不能增加甚至可能逐年减少，所以要使新能源与可再生能源供应总量进一步增加，成为能源供应体系中的主力能源，每年提供 20 亿吨标准煤以上的能源供应量，在一次能源消费总量中的占比达 1/3 以上，实现能源消费结构的根本性改变。

我国水、风、光清洁能源均居世界首位，但多集中于西部地区。近几年来，我国在宁夏、甘肃、陕西、内蒙古一带发展风能发电、光能发电，这是因为该区域海拔地势较高、温差大、日照时间较长、常年刮风，适合发展风能发电、光能发电。而南部沿海地区受气候条件影响不适宜发展光电。我国太阳能发电装机容量变化情况如图 1-19 所示。

如图 1-20 所示为我国风能发电装机容量变化情况。由图可知，我国风能发电装机容量不断增加，2021 年相比 2010 年风能发电装机容量增加约 $30000 \times 10^4 \mathrm{kW}$。

如图 1-21 所示为我国水力发电装机容量变化情况，2010—2015 年我国水力发电装机容量增加较快。清洁能源发电优缺点对比见表 1-2。

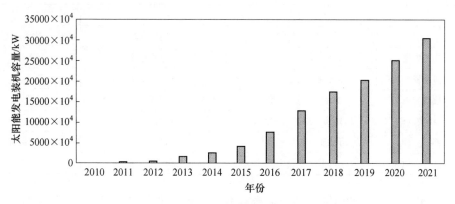

图 1-19 我国太阳能发电装机容量变化情况

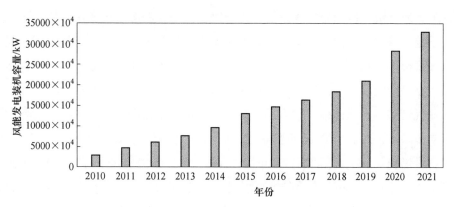

图 1-20 我国风能发电装机容量变化情况

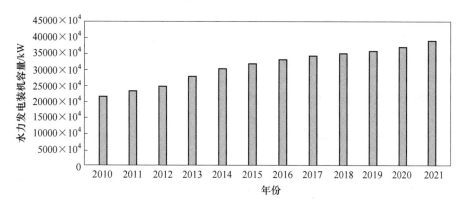

图 1-21 我国水力发电装机容量变化情况

表 1-2 清洁能源发电优缺点对比

类 型	优 点	缺 点	承担任务
水力发电	低电价、灵活性强	发电间歇性	调峰、调频、备用
光能发电	无噪、安全、清洁	发电不稳定	基荷
风能发电	无污染、安全、清洁	发电不稳定	基荷
核能发电	能量大、发电稳定	电价高、存在安全隐患	基荷
生物质发电	电能质量好、可靠性高	成本相对较高	调峰
蓄 能	可储能、电能消耗低	造价成本高	调峰、调频
其 他	发电量稳定	造价成本高	基荷、调峰

各种低碳要素的引入必然对低碳综合能源系统规划产生深刻影响。在实际规划过程中，如图 1-22 所示，可将规划对象根据地理范围和能源发、输、配、用特性分为跨区级低碳综合能源系统、区域级低碳综合能源系统和用户级低碳综合能源系统。其中，跨区级低碳综合能源系统主要涉及电、气两种能源形式，具有能源大规模生产和远距离传输的作用；集成了以集中式风光场站、加装碳捕集设备的大型综合能源站为代表的产能单元，季节性储能为代表的储能单元，输电线路、输气管道、交通网络为代表的能源远距离传输单元等。

初步核算，2022 年能源消费总量 54.1 亿吨标准煤，比上年增长 2.9%。煤炭消费量增长 4.3%，原油消费量下降 3.1%，天然气消费量下降 1.2%，电力消费量增长 3.6%。煤炭消费量占能源消费总量的 56.2%，比上年上升 0.3 个百分点；天然气、水能、核能、风能、太阳能发电等清洁能源消费量占能源消费总量的 25.9%，比上年上升 0.4 个百分点（见图 1-23）。重点耗能工业企业单位电石综合能耗下降 1.6%，单位合成氨综合能耗下降 0.8%，吨钢综合能耗上升 1.7%，单位电解铝综合能耗下降 0.4%，每千瓦时火力发电标准煤耗下降 0.2%。全国万元国内生产总值 CO_2 排放下降 0.8%。

1.2.3 国外清洁能源利用技术发展现状

1.2.3.1 美国新能源发展战略

2009 年 1 月，美国的可再生能源生产能力为 27.8GW。美国政府提出的目标是，到 2012 年可再生能源生产能力翻一番，达到或超过 55.6GW。2009 年 2 月，美国总统签署了总额达 7870 亿美元的《美国复苏与再投资法案》，新能源为其主攻领域之一。

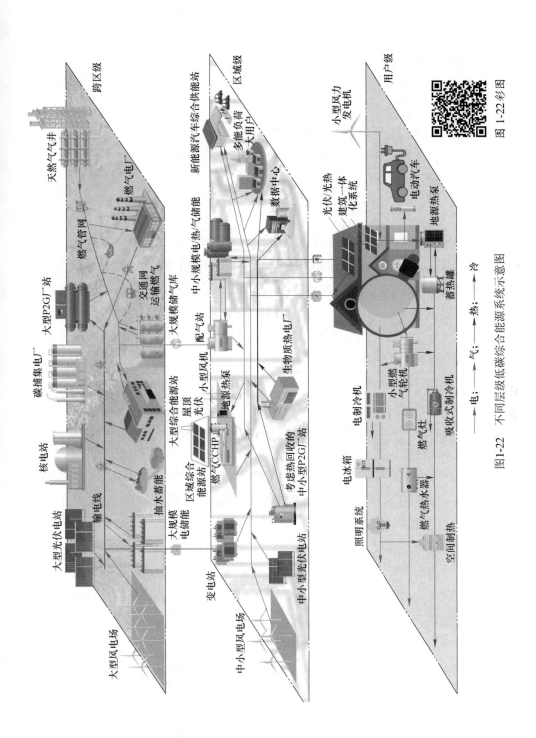

图1-22 不同层级低碳综合能源系统示意图

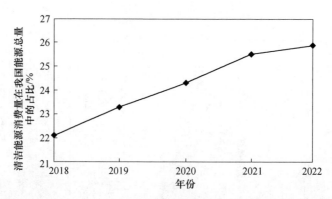

图 1-23 2018—2022 年清洁能源消费量在我国能源总量中的占比

美国政府承诺，到 2010 年年底，将支持风能、太阳能、地热能等可再生能源增长 15GW，足以为 400 万~500 万个家庭供电。美国还致力于提高风轮机、太阳能板及其他可再生能源部件的制造能力，并把可再生能源开发的范围扩大到外大陆架。到 2015 年，电动汽车生产厂达到 3 家，有 30 家新型电池和其他电动汽车制造厂全部投入运营，并具备足够的先进电池生产能力，以便每年为 50 万辆插电式混合动力车提供动力。

1.2.3.2 日本新能源发展战略

日本政府在 2009 年推出的经济刺激案中重点强调了发展节能、新能源、绿色经济，延伸和细化了 2006 年提出的《新国家能源战略》。早在 1992 年，日本就开始在个人住宅安装太阳能发电设备。在新能源产业技术综合开发机构、新能源财团、国家和地方公共团体等的资助下，太阳能发电设备在日本逐渐普及。2008 年，日本时任首相福田康夫发表的"福田蓝图"指出，日本的太阳能发电量到 2020 年要提高到 2008 年 6 月的 10 倍，到 2030 年要提高到 40 倍。2009 年 2 月，日本经济产业省宣布一项新补贴制度，安装太阳能发电设备的用户有望 10 年即可收回初期投资。

日本产业技术综合研究所 2008 年 11 月宣布开发出了一种新型有机色素增感型太阳能电池，光电转换效率为 7.6%，是目前世界上使用离子性液体电解液转换效率最高的色素增感型太阳能电池。

2008 年日本投入 13.5 亿日元开发固体氧化物型燃料电池系统的核心技术；投入 17 亿日元开发与制造、输送和贮藏氢系统相关的技术。

1.2.3.3 欧盟新能源发展战略

根据英国政府计划，到 2020 年可再生能源占英国能源供应量的 15%，其中

30%的电力来自可再生能源，温室气体排放降低20%，石油需求降低7%。

德国政府将发展新能源作为一项"基本国策"加以推动，在《可再生能源法》的指导下，在进入21世纪的10年间，陆续采取了多种促进新能源应用的措施，如新能源电价补贴、促进太阳能的"十万屋顶计划"等。2009年3月，通过了《新取暖法》，向采用可再生能源取暖的家庭提供总共5亿欧元的补贴。新能源产业将成为"世界经济支柱产业"，德国政府宣布2020年CO_2排放量比1990年降低40%，以赢得更大的国际政治主导权。

俄罗斯在《2030年前能源战略》中把应对金融危机、增加能源出口、提高能效，以及发展新能源作为中长远战略目标。从新能源战略的阶段划分来看，燃料能源部门将按三个阶段发展，主要目标是从常规石油、天然气、煤炭等能源转向非常规的核能、太阳能和风能等。第一阶段（2013—2015年），主要任务是克服危机。俄联邦统计局资料显示，2008年俄石油产量比2007年减产了0.7%，达4.88亿吨，到2010年仍有减产。走出危机，在这一阶段俄罗斯仍将提高石油产量。第二阶段（2015—2022年），在经济危机过后，俄罗斯的主要任务是在发展燃料能源综合体的基础上，整体提高发展经济的能源效率。第三阶段（2022—2030年），俄罗斯开始从发展常规能源转向非常规能源。首先是核能和可再生能源（太阳能、风能、水能）。这些非常规能源在电力生产中的占比将从32%增加到不少于38%。

1.2.3.4 清洁能源技术发展现状

2021年全球清洁能源发电量统计显示（见图1-24），我国的清洁能源全年发电量稳居世界第一，清洁能源发电量在总发电量中的占比达到40.1%，美国为16.1%，巴西为10.2%，加拿大为8.6%，印度为5.9%，日本为4.7%，俄罗斯为4.0%，意大利为2.3%，西班牙为2.1%，韩国为0.8%，其他国家占比极小。世界部分国家计划"碳中和"时间节点如图1-25所示。由图可以看出，大部分国家计划于2050年达到"碳中和"。

国际能源署（IEA）聚焦于实现全球净零排放所需的关键清洁能源技术，通过整理与汇编构建了涵盖444项关键清洁能源技术的数据库。按行业领域，将清洁能源技术划分为能源转型、工业、建筑业、交通运输业和CO_2基础设施5个一级技术领域和26个二级技术领域。其中在能源转型和工业部分涵盖的技术数量最多，分别为126项和125项，建筑业、交通运输业和CO_2基础设施部分依次为116项、67项和10项（见图1-26）。

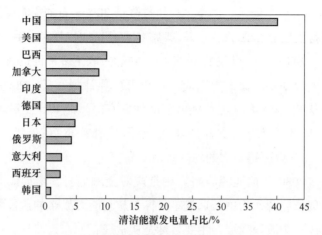

图 1-24　2021 年全球清洁能源发电量占比

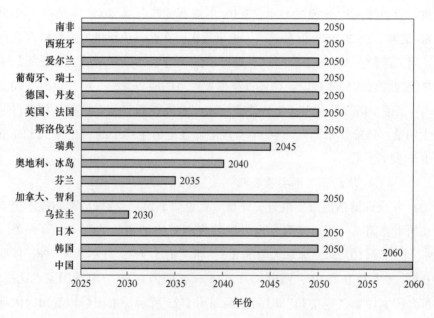

图 1-25　世界部分国家计划"碳中和"时间节点

　　国际可再生能源署（IREA）统计数据显示：截至 2020 年年底，我国风能、光能装机容量分别为 2.82×10^8 kW 和 2.54×10^8 kW，二者均为世界第一。然而，根据《中国 2030 年能源电力发展规划研究及 2060 年展望》报告预测，要实现"双碳"目标，我国 2030 年和 2060 年清洁能源装机规模需分别达到 25.7×10^8 kW（占比 67.5%）和 76.8×10^8 kW（占比 96%）。对于规模如此庞大的清洁能源系

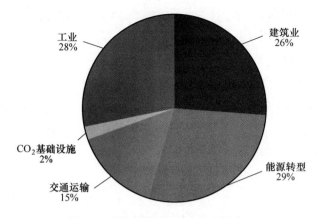

图 1-26 清洁能源技术在各领域占比

统，如何实现安全、高效利用，将成为能源转型阶段亟待攻克的"卡脖子"难题。

1.3 煤矿清洁能源

1.3.1 煤矿主要热源

煤炭在生产过程中会产生大量热源，如矿井排风、井下排水等均是较优质的低温热源。由于地理位置及开采深度的不同，井下温度全年维持在 12~28℃ 之间，个别区域井下温度更高。矿井回风恒温、高湿的特点决定了其具有巨大的潜热量，可作为良好的低温热源。矿井排水同样具有温度恒定、比热容大、取热量大的特点，也可作为低品位热源。同时，矿井压风系统所用的空气压缩机在运行过程中消耗的电能可转化为部分热能，矿山清洁能源综合利用系统如图 1-27 所示。

1.3.1.1 围岩散热

大量的调研数据表明，随着矿井开采深度的增加，原始岩温的升高已逐渐成为危害矿井井下热环境的最主要因素。其散热量计算可用式（1-1）表示：

$$Q_r = K_r UL(t_{rm} - t_{fm}) \tag{1-1}$$

式中　Q_r——井巷围岩与风流间的换热量，kW；

　　　U——井巷断面周长，m；

L——井巷长度，m；

t_{rm}——井巷壁面平均温度，℃；

t_{fm}——井巷风流平均温度，℃。

K_r——井巷围岩与风流间非稳态换热系数，其意义是指单位时间、单位面积、单位温差中，风流与围岩所传递的能量，常用单位为 kW/($m^2 \cdot$℃)。由于K_r受制于多项影响因素，故在矿井空调中常采用简化公式。

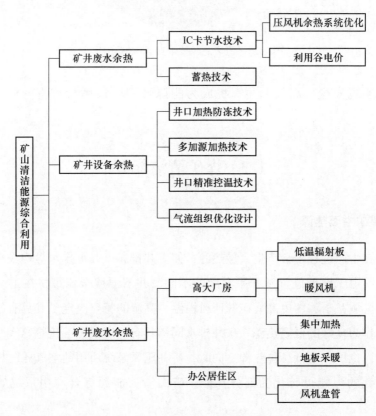

图 1-27 矿山清洁能源综合利用系统

1.3.1.2 机电设备散热

随着现代矿井采煤技术的发展，采煤机械化水平不断提高，机械设备容量不断增加，从而导致机电设备散热量在总散热量中的占比急剧升高，也逐渐成为引起矿井高温热害的主要因素之一。机电设备散热主要包括：

（1）采掘设备放热。掘进工作面内设备运转时向周围环境放热，放热量计算可用式（1-2）表示：

$$Q_f = \eta N \tag{1-2}$$

式中 Q_f——风流吸收的热量，kW；

η——风流吸收的热量在采掘设备放出热量占比系数；

N——掘进巷道内机电设备实际消耗的功率，kW。

（2）其他机电设备放热。对于除去采掘机械设备的其他电动设备的放热，放热量计算可用式（1-3）表示：

$$Q_J = (1 - \eta_t)\eta_m N \tag{1-3}$$

式中 Q_J——电动设备的放热量，kW；

η_t——提升设备的效率；

η_m——电动设备的综合效率，受负荷率、电动设备效率等因素的共同影响。

1.3.1.3 运输中煤炭及矸石的放热

在矿山进行生产作业活动时，生产的煤炭及矸石在运输中不断与周围空气发生热交换，其放热也是矿井中一种比较重要的热源。其放热量可用式（1-4）表示：

$$Q_k = mC_m\Delta t_m \tag{1-4}$$

式中 Q_k——运输中煤炭及矸石的放热量，kW；

m——运输中煤炭及矸石的运输量，kg/s；

C_m——煤炭及矸石的比热容，kJ/(kg·℃)；

Δt_m——煤炭及矸石与风流的温差，℃；可由实验测得，其计算公式为：

$$\Delta t_m = 0.0024L^{0.8}(t_r - t_{wm}) \tag{1-5}$$

式中 L——煤炭及矸石运输距离，m；

t_r——运输中煤炭及矸石的平均温度，℃；

t_{wm}——巷道内风流的湿球温度，℃。

1.3.1.4 热水放热

在深部煤矿开采过程中，往往会伴随着高温热水的涌出，且热水将大量的热量散发到周围空气中。矿井热水放热容易造成巷道高温，同时给生产、安全以及井下工作人员的生命健康造成严重威胁。矿井热水与井下巷道空气的热交换较为复杂，其放热量计算可用式（1-6）表示：

$$Q_w = K_w S(t_w - t_f) \tag{1-6}$$

式中 Q_w——盖板水沟或管道排水的放热量，kW；

K_w——盖板或管道的传热系数，kW/(m² · ℃)；

t_w——盖板水沟或管道内热水的平均温度，℃；

t_f——水沟附近巷道风流的平均温度，℃；

S——水与空气间的传热面积，m²。

盖板水沟排水：

$$S = B_w L \tag{1-7}$$

管道排水：

$$S = \pi D_2 L \tag{1-8}$$

式中 B_w——水沟宽度，m；

D_2——管道外径，m；

L——水沟或管道长度，m。

对于盖板水沟排水方式，其传热系数可用式 (1-9) 计算：

$$K_w = \cfrac{1}{\cfrac{1}{h_1} + \cfrac{d}{L} + \cfrac{1}{h_2}} \tag{1-9}$$

对于管道排水方式，其传热系数可用式 (1-10) 计算：

$$K_s = \cfrac{1}{\cfrac{D_2}{D_1 h_1} + \cfrac{D_2}{2L}\ln\cfrac{D_2}{D_1} + \cfrac{1}{h_2}} \tag{1-10}$$

式中 d——水沟盖板的厚度，m；

D_1——管道内径，m；

D_2——管道外径，m；

h_1——水与盖板或管道之间的对流换热系数，W/(m² · ℃)；

h_2——盖板或管道与周围空气之间的对流换热系数，W/(m² · ℃)。

1.3.1.5 人员散热

矿井井下工作人员的放热量主要与劳动强度和工作时间长短有关，其放热量计算可用式 (1-11) 表示：

$$Q_r = K_r \eta_r q \tag{1-11}$$

式中 Q_r——井下矿工放热量，kW；

K_r——同时工作系数，其值一般可取 0.5~0.7；

η_r——工作面总人数；

q——人均放热量，kW。

1.3.1.6 井下煤炭及其他氧化放热

井下煤炭及其他有机物会氧化发热，导致周围环境加热升温。井下煤炭及其他有机物氧化反应是一个极其复杂的过程，为了简化计算，其放热量计算用式（1-12）表示：

$$Q_0 = q_0 v^{0.8} UL \tag{1-12}$$

式中 Q_0——氧化放热量，kW；

q_0——当 $v=1\text{m/s}$ 时单位工作面积氧化放热量，W/m^2；

v——平均风速，m/s。

1.3.1.7 其他散热

地质地热环境散热、炸药爆炸散热等作用时间短，不会对井下环境造成显著影响，可忽略不计。

1.3.2 榆树井煤矿概况

内蒙古上海庙矿业有限责任公司榆树井煤矿位于内蒙古自治区西南部鄂尔多斯市鄂托克前旗政府西侧约 63km，西距宁夏回族自治区银川市 42km。该地区光能丰富、热量适中、降水稀少，为温带干旱区，年采暖总天数为 149 天，极端最低温度平均值为 -22.5℃，极端最低温度值为 -27℃，最大冻土深度为 1.03m，冬季室外平均风速约为 1.7m/s。为有效节约能源，降低成本，提高企业新技术水平，榆树井煤矿多年来坚持研究节能减排技术与应用，并结合矿井自身特点，对节能工作做出合理规划。矿井对原锅炉供暖系统进行技术改造，根据矿井余热情况和现场条件，提出用清洁能源供暖方式解决矿区及井口保温供暖，并进行光伏发电辅助供暖，同时对空气压缩机进行节能改造，综合利用绿色能源，实现停用锅炉，出煤不用煤的目的。

2 生活办公区域碳晶供暖及自动控制技术

2.1 电采暖形式及碳晶电热板采暖特点

2.1.1 电采暖形式

电采暖系统是利用低温发热电缆或电地热作为热源加热地板，并通过地面的辐射和对流向室内供热的一种采暖方式。电采暖系统操作简单、节能环保、健康舒适、不占空间、无需维护。电采暖主要形式如图 2-1 所示。

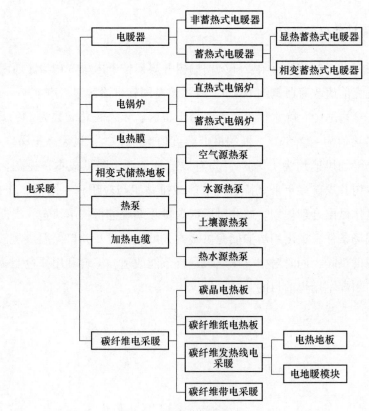

图 2-1　电采暖主要形式

（1）电暖器。电暖器是直接以电为能源供应的加热取暖设备，现存市场形式多样，但工作原理相似。其工作原理是通电后，发热体将电能高效转化为热能，以辐射和对流方式向室内空气中散发热量进而达到室内采暖的目的。常见的电暖器发热体有：陶瓷、导热油、电热膜、电热丝、石英管、碳素纤维和卤素管。电暖器按其是否具有蓄热装置分为蓄热式电暖器和非蓄热式电暖器。

（2）电锅炉。与传统的燃煤、燃气锅炉采暖不同，电锅炉采暖以电力为能源供应，经锅炉组成本体将电能转化热能对外输出高温水、蒸汽或有机热载体，流经一级管网，经过换热站后，通过二级管网输送到各供暖末端设备，以实现供暖要求。电锅炉现有形式为直热式和蓄热式。

（3）电热膜。低温电热膜采暖系统由电热膜片、T 型电缆、温控器及温度传感器、绝缘的防水快速插头、自动控制电抗器等部件构成。通电后，电热膜内发热体中的碳分子团在电场的作用下进行"布朗运动"，使分子间产生强烈撞击与摩擦，从而实现电能到热能的转化。其产生的热能以远红外辐射方式均匀向外传递。低温电热膜采暖系统的发展经历了电热棚膜、电热墙膜、电热地膜三个阶段。电热地膜用于地板辐射采暖时，为保证其效果和使用寿命，需外加 PVC 真空封套。

（4）相变式储热地板。主要是利用低谷电，采用蓄热材料将电能转化为热能存储起来，供白天采暖使用。

（5）热泵。按热源种类可将热泵分为空气源热泵、水源热泵、土壤源热泵和热水源热泵。此处仅对空气源热泵展开叙述。

空气是我们生活中必不可少的物质，其储量丰富，将其作为热泵的低品位热源，无需担心资源枯竭问题。空气源热泵消耗少量高品位能（电能）将低品位热源空气流的热量流向高品位热源的节能装置。空气源热泵采暖系统以室外空气作热源，消耗电能带动系统运行，将空气中的低品位热能转化为可利用的高品位热能为建筑物提供热量，以实现供暖的目的。

空气源热泵采暖系统是由蒸发器、压缩机、四通转向阀、冷凝器、膨胀阀、风机及供暖末端装置等主要组件组成，其工作原理如图 2-2 所示（供暖末端为风机盘管和地板散热器）。

（6）加热电缆。加热电缆也叫发热电缆，是采用合金电阻丝（如镍、铜、铬等）制成的以电为能源的电缆结构，通电后可实现供暖或保温的效果。加热电缆有单导和双导两种形式。加热电缆用于采暖的形式为地板辐射采暖，通电后其

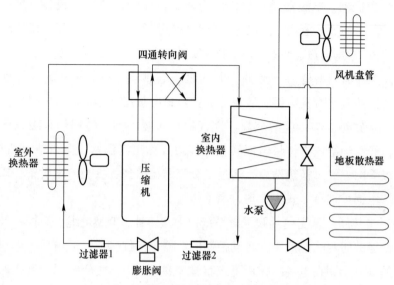

图 2-2 空气源热泵采暖系统工作原理

热能在填充层以热传导形式进行传热，将热量传导给地板表面，随后热量在地板表面以对流和辐射的方式加热室内空气实现供暖。加热电缆地板辐射采暖系统在室内形成"上低下高"的垂直温度分层现象，给人以足暖且头不昏的感受，因此其具有良好的热舒适性。

通电后，加热电缆内芯合金电阻丝即热线在温控器的控制范围内发热，实现电能向热能的转化，热能被地板吸收后以地面为散热面，以对流和辐射的形式加热室内的空气及围护结构，同时减少围护结构及物体表面对人体的冷辐射，增加人体舒适度。

（7）碳纤维电采暖。该系统运行时是以碳纤维为发热材料，将热量释放出来，热量直接通过表面散出来，或者通过木地板、地毯达到地板表面，然后以整个地板表面为散热面与室内环境通过辐射和对流两种传热方式来实现热交换，其中辐射换热占有相当比重，从而达到采暖目的。

2.1.2 碳晶电热板采暖特点

碳素晶体电热板（碳晶板）作为新型节能供暖材料，配合远程集中控制系统，采用多时段温控技术，实现对多栋楼、多楼层分散式碳晶电热板的集中监测、计量和自动控制，做到了室内温度的精准控制，更高效节能。

相比其他采暖形式，碳晶电热板采暖具有如下优势：无安装限制，对地域及热源无要求；安装及使用费用适中；控制灵活，升温快；更环保、益于健康等（见表2-1）。碳晶电热板主要采暖特点为：

（1）远红外辐射供暖。碳晶电热板在电场作用下，会辐射大量的波长在8～

表 2-1 不同采暖形式优缺点对比

类　型	优　点	缺　点
太阳能	（1）能源丰富、取之不尽用之不竭； （2）属于清洁能源、无污染	（1）造价高、需要足够大的太阳照射面； （2）对于恶劣天气需要配备大量的用电负荷
天然气	（1）采暖时间设定自由； （2）不受入住率的限制； （3）有些采暖炉可提供热水	（1）受气源限制； （2）家中无人时，需保持运行； （3）浪费气； （4）故障率高； （5）使用寿命短（5～7年），且运行1～2年就要产生维修费用
土壤源热泵	（1）资源可再生利用； （2）投资少、运行费用低； （3）占地面积小； （4）绿色环保； （5）自动化程度高	（1）埋地换热器受土壤性能影响较大； （2）连续运行时热泵的冷凝温度和蒸发温度受土壤温度的变化发生波动：土壤导热系数较小，换热量较小
水源热泵	（1）运行费用低； （2）寿命长； （3）环保； （4）功能多，可以供冷、供热、供水； （5）安装简单，安全可靠、自动化程度高； （6）占地面积小	（1）受当地地下水资源的限制； （2）提取地下水，容易造成地面沉降和塌陷； （3）容易造成生物种群的变异和水系的变迁； （4）易造成地下水污染
空气源无水热泵	（1）节能、舒适； （2）环保、无污染； （3）效率高、寿命长； （4）不受入住率限制； （5）每户模块化设计，无需机房，无需报批	（1）受环境温度和湿度影响； （2）空气能是分散能源，制热速度慢，热效率不高

类　　型	优　　点	缺　　点
加热电缆	(1) 不占面积，便于装修和家具摆放； (2) 寿命长（30~50 年）； (3) 发热电缆属清洁能源，无污染	(1) 耗电高，后期运行费用高； (2) 盘管中带电，有漏电、触电风险； (3) 隐蔽工程，维修困难； (4) 有电磁辐射
碳晶电热板采暖	(1) 无安装限制，对地域及热源无要求； (2) 安装及使用费用适中； (3) 控制灵活，升温快； (4) 更环保、益于健康； (5) 温暖舒适、不干燥； (6) 使用寿命长，减少保养维修费用； (7) 安全性能高； (8) 一般无需电力增容	(1) 有泄漏电源隐患； (2) 无法提供生活热水

14μm 之间的远红外线，受体接收远红外线后，能量被吸收转化为热能，使受体温度升高。这种供暖环境可使人体热感觉增强，这是因为远红外线直接到达人体，补偿人体表面散热。远红外线到达墙面和其他围护结构，加热速度快于空气加热，使环境温度更加均衡。

（2）对流供暖。由于碳晶电热板表面材料对远红外能量具有吸收作用，只需 5~10min，发热体与蓄热层即可达到热态平衡，之后蓄热层将热能缓缓地向室内贴近墙面的空气传递。又由于"热空气轻、冷空气重"这一热工学原理，产生垂直对流作用带动室内环境温度的提升。

（3）使用寿命可达 $1×10^5$h，且不脱落、不断裂，可防水、防潮。安装便捷，组合灵活，可以任意方式安装组合，无最小安装面积要求。不占用室内使用空间，不需要维修，节约了其他供暖方式所需的维修和运营费用。

2.2　碳晶供暖系统工作原理

2.2.1　制热原理

在电场的作用下，发热体中的碳分子团产生"布朗运动"，使碳分子之间发生剧烈的摩擦和撞击，产生的热能以远红外辐射和对流的形式对外传递，其电能与热能的转换率高于98%。碳分子的作用使碳晶电热板表面温度迅速升高，将电热板安装在墙面上，热能就会源源不断地均匀传递到房间的每一个角落。碳晶电热板能够对空间起到迅速升温的作用，原因在于其100%的电能输入被有效地转换成了超过65%的远红外辐射热能和35%的对流热能。碳晶电热板只需5~10min快速发热，并将热能缓缓地向室内空气传递。由于"热空气轻、冷空气重"，空气产生垂直对流作用带动室内环境温度的提升，达到室内空气对流供暖效果，碳晶面状电热板结构示意图如图2-3所示。

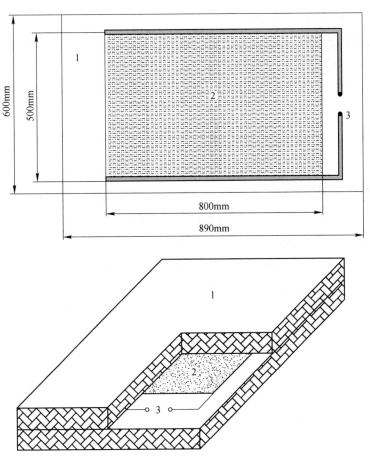

图2-3 碳晶面状电热板结构示意图

1—玻璃布绝缘材料；2—碳颗粒纤维纸；3—镍铜导电电极

2.2.2 热辐射原理

电热膜对外热传递的主要方式是热辐射和热对流。宇宙中高于 0K 的物体都在以热辐射的形式向外界传递能量，其辐射功率与波长、温度和发射率有关。红外辐射的产生机理与波长有关，一般分为三段：

（1）远红外：波长为 25～1000μm，产生机理为分子转动能级间的跃迁。

（2）中红外：波长为 2.5～25μm，产生机理为分子转动能级和振动能级间的跃迁。

（3）近红外：波长为 0.75～2.5μm，产生机理为分子的各电子能级之间的跃迁和分子振动泛频区的振动光谱带。

出射度可表征单位表面积辐射源向半球空间内各方向发射的辐射功率。根据史蒂芬·玻耳兹曼定律，黑体辐射的全辐射出射度按照式（2-1）确定：

$$M_{bb} = \frac{c_1}{c_2^4} T^4 \frac{\pi^4}{15} = \sigma T^4 \tag{2-1}$$

式中　M_{bb}——黑体辐射全辐射出射度，W/m^2；

　　　σ——玻耳兹曼常数，其值为 5.67×10^{-8} $W/(m^2 \cdot K^{-4})$；

　　　T——温度，K；

　　　c_1——第一辐射常数，其值为 $3.7417749 \times 10^{-16} W \cdot m$；

　　　c_2——第二辐射常数，其值为 $0.01438769 m \cdot K$。

按照式（2-1）计算出的出射度是全频段辐射功率。不同波长的辐射照射于物体之上时，会产生不同的效应。其中产生热效应的辐射波段为少部分可见光波段和红外波段，其波长范围为 0.1～1000μm。若要计算红外出射度，需要用到光谱出射度公式。已知单位体积和单位波长间隔普朗克方程为：

$$\omega_\lambda = \frac{8\pi hc}{\lambda^5} \frac{1}{e^{\frac{hc}{\lambda K_B T}} - 1} \tag{2-2}$$

式中　ω_λ——单位体积和单位波长间隔的辐射能量，J/m^3；

　　　π——圆周率，其值约为 3.14；

　　　h——普朗克常数，其值为 $6.62607015 \times 10^{-34}$ J·s；

　　　c——光速，m/s；

　　　λ——波长，μm；

K_B——玻耳兹曼常数，其值为 $5.67×10^{-8}W/(m^2 \cdot K^{-4})$。

光谱辐射亮度与光谱能量密度关系式：

$$L_\lambda = \frac{c\omega_\lambda}{4\pi} \tag{2-3}$$

式（2-3）中字母代表意义与上述相同。电热膜是自发辐射的物体，故其红外辐射遵循朗伯辐射规律：

$$M_\lambda = \pi L_\lambda \tag{2-4}$$

式中 M_λ——光谱辐射出射度，W/m^2；

L_λ——光谱辐射功率，$W/(m^2 \cdot s^{-1} \cdot r^{-1})$。

根据式（2-2）~式（2-4）可得出黑体的光谱辐射出射度为：

$$M_{\lambda bb} = \frac{2\pi hc^2}{\lambda^5} \cdot \frac{1}{e^{\frac{hc}{\lambda K_B T}} - 1}$$

$$= \frac{c_1}{\lambda^5} \frac{1}{e^{\frac{c_2}{\lambda T}} - 1} \tag{2-5}$$

式中 $M_{\lambda bb}$——黑体光谱辐射出射度，$W/(m^2 \cdot \mu m)$；

λ——波长，μm；

T——温度，K；

c——光速，m/s。

基于式（2-5）可以计算黑体在不同温度、不同波长下的出射度。石墨烯基电热膜在电场作用下对外辐射红外线的过程中并不能被看作是黑体，而被视为灰体。则其实际光谱辐射出射度为黑体辐射出射度乘以发射率，即：

$$M_{\lambda g} = \varepsilon \frac{2\pi hc^2}{\lambda^5} \frac{1}{e^{\frac{hc}{\lambda K_B T}} - 1}$$

$$= \varepsilon \frac{c_1}{\lambda^5} \frac{1}{e^{\frac{c_2}{\lambda T}} - 1} \tag{2-6}$$

式中 $M_{\lambda g}$——实际光谱辐射出射度，$W/(m^2 \cdot \mu m)$；

ε——电热膜的发射率。

根据式（2-6）即可确定石墨烯基电热膜在不同温度、不同波长下的辐射出射度，即单位面积电热膜热辐射的功率。考虑到空气对红外线并非完全吸收，故空气吸收的红外辐射热功率为实际光谱辐射出射度乘以空气吸收率。考虑空气吸收率和石墨烯基电热膜面积后，实际被房间中空气吸收的光谱辐射热辐射功率为：

$$P_{\lambda ga} = Sa\varepsilon \frac{2\pi hc^2}{\lambda^5} \frac{1}{e^{\frac{hc}{\lambda K_B T}} - 1}$$

$$= Sa\varepsilon \frac{c_1}{\lambda^5} \frac{1}{e^{\frac{c_2}{\lambda T}} - 1} \tag{2-7}$$

式中　$P_{\lambda ga}$——整张膜的光谱辐射热辐射功率，W；

　　　a——空气的吸收率；

　　　S——电热膜面积，m^2。

2.2.3　铺设形式及工作条件

2.2.3.1　铺设形式

碳晶供暖铺设形式主要分为地面铺设和靠墙铺设。

（1）地面铺设。将碳晶电热板铺设于人员集中的活动区域的地面上，保证发热区域在人员活动区中心。电热板铺设时不应紧靠墙边，距离墙边应约有30cm的余隙，当家具落地或底部高度过小时不宜铺设。

（2）靠墙铺设。将碳晶电热板铺设于人员集中的活动区域的墙面上，也可做成壁画挂于墙面。电热板铺设时前方不应有其他遮盖物。其特点是可使局部区域加热充分，垂直方向上的温度梯度加大，不占用空间。

2.2.3.2　工作条件

电热板的工作条件如下：

（1）工作环境相当湿度≤85%；

（2）工作环境无易燃、易爆、腐蚀性气体和导电粉尘；

（3）没有明显振动与冲击；

（4）正面外表面不允许粘贴任何物品；

（5）额定电压为220V，工作电压为额定电压的-10%~10%。

2.2.3.3　技术性能指标

主要技术性能指标有：

（1）工作寿命：≥100000h；

（2）电热辐射转换效率：≥60%；

（3）升温时间：20min；

（4）法向全发射率：≥0.83；

（5）泄漏电流：≤0.25mA；

（6）电气强度要求在充分发热条件下能承受50Hz、1750V，历时1min耐压试验，无击穿或闪络现象；

（7）额定电压：220V；

（8）额定频率：50Hz。

2.3 碳晶供暖研究及应用现状

某养老中心建筑面积 $2.26×10^4m^2$，提供床位700张。电能替代前，主要采用燃煤锅炉取暖，一年供暖期约120天，实际供暖面积 $1.58×10^4m^2$，年消耗标准煤约500t。替代前，燃煤锅炉每10年更换一次（总造价15万元），采暖期锅炉运维人工费3万元，燃煤费用42.5万元（煤炭850元/t），年平均运行费用47万元。替代后，每年减少燃煤消耗500t，换成标准煤约357.17t，按照每节约1t标准煤减少 CO_2 排放2.493t，碳粉尘0.68t，SO_2 0.075t，氮氧化合物0.035t计算，年减少 CO_2 排放890.42t，碳粉尘242.88t，SO_2 26.79t，氮氧化合物12.50t，环保效果显著。

高速公路收费站冬季存在采暖的需求，厚荣斌等对碳晶电热板的应用范围、安全性及可靠性进行了分析，结果表明碳晶电热板具有加热速度快、耗能低、可悬挂安装及节省空间等特点，较适合作高速公路收费站的取暖设施，其大规模应用既可以节约能源又降低采暖费用。

为明确碳晶电热板在日光温室冬季黄瓜育苗中的应用效果，李衍素等以日光温室正常培养（不加温）和加热电缆（敷设功率为100W/m²）加温为对照，研究碳晶电热板加温对基质温度、耗电量、黄瓜幼苗生长和生理特性的影响；以日光温室正常培养（不加温）为对照，研究隔热层在碳晶电热温床育苗中的节能效果差异。

赵云龙等针对中国节能型日光温室冬季土壤温度低而传统加温设备能耗高的情况，将碳晶电地热系统引入设施番茄栽培中。以不加温处理和加热电缆加温为对照，设碳晶电热板全掩埋、半掩埋、平放式3种处理方式，研究碳晶电地热系统不同加温方式对番茄生长、生理、产量的影响，并结合设备前期投入、运行成本进行经济性评估。研究结果表明，碳晶电地热系统能显著提高地温，但对气温影响不明显。

张明强针对办公建筑无人时只要求值班温度的情况提出了碳晶电热板间歇供暖方式。建立了碳晶电热板间歇供暖过程中地板表面的升、降温控制方程以及热量平衡方程，构成了间歇过程的非稳态传热模型。利用 Matlab 编程进行数值计算，得出碳晶电热板间歇供暖时预热量和预热时间的关系，为设备启停时间及容量确定提供了依据。

谭羽非等对北京市某房间内碳晶电热板系统 24h 温控调节过程进行数值模拟，提出了合理的温控控制因素和调节方案，确定了温控装置的温度限值以实现温控，为该电采暖系统的节能运行提供了技术支撑。

张海桥等基于流体力学的理论，建立了加热实验小室的数值模拟模型，采用Fluent 软件对碳晶电热板加热实验小室的非稳态过程进行了数值模拟，通过比较模拟结果与实验数据，验证了模拟结果的正确性及模型的有效性。

葛铁军等以水性聚氨酯作为基体树脂，以碳晶、石墨为导电填料，制备了碳系电热膜，研究了碳晶、石墨及其混合物对电热膜体积电阻率、微观结构、升温响应和电—热辐射转化效率的影响。

2.4 榆树井煤矿运用实例

通过对国内外文献资料的查证发现，还未有将碳晶供暖技术应用于煤矿企业生活办公区，包括宿舍、食堂、办公室等有不同供暖需求的大范围研究应用的实例。在国内外碳晶供暖控制技术研究中，只提到过温控调节技术，还未采用集中控制系统实现各房间的温度、碳晶板运行状态及用电量的集中远程监测、计量和控制管理。也未曾采用多时段温控技术，实现不同时间内对室内温度的精准控制。

2.4.1 碳晶供暖电负荷

碳晶电热板全部采用 RS485 平台控制架构，通过远程电脑软件对室内温控器进行预先设定，可在不同的时间段设置不同的温度及开停时间，通过温控器自动控制碳晶电热板的温度及启停。远程电脑可对碳晶电热板的运行状态、运行时间、用电量等参数进行不间断监测、统计，实现对多栋楼、多楼层分散式碳晶电热板的集中监测、计量和自动控制，确保煤矿两堂一舍的正常取暖。

办公生活区采暖热负荷见表 2-2。按照矿区办公生活区采暖热负荷统计，该区域供暖负荷 3219kW，一般按照平均 $80\sim100W/m^2$ 的采暖指标铺设，室内温度可高于 $18\sim20℃$。按照每块墙暖供暖功率为 500W 考虑，则预计安装 6438 块墙暖。

表 2-2　办公生活区采暖热负荷统计结果

建筑物名称	室内计算温度/℃	采暖建筑体积/m³	单位体积采暖热指标/W·(m³·℃)⁻¹	室内外温差/℃	采暖功率/W
办公楼	18	38371	0.5	33	633122
食堂	18	16300	0.6	33	322740
培训中心	18	20293	0.5	33	334835
门卫室、消防室	18	396	2.0	33	26136
1 号单身宿舍	18	11168	0.7	33	257981
2~6 号单身宿舍	18	19372	0.5	33	1278552
消防救护队及汽车库综合楼	18	15832	0.7	33	365719

2.4.2　关键技术

在此过程中，人们使用了 RS485 平台控制架构作为自动控制技术架构，这种架构支持操作者通过操作电脑软件来实现远程的室内温度设定，并根据自身需求，远程控制晶体发热的启停，而且该架构下的自动控制系统可以对供热运行时间、能耗进行持续、实时的监测、统计，并可以在保证正常取暖的前提下，自动控制能耗。基于余热利用的供暖运行，主要依托于自动控制技术下的换热系统，人们借助自动控制系统，可以对换热设施的运行进行自动控制，让矿井水、矿井风、空气压缩机的余热，能够被自动地应用到室内供热、洗浴供热上，节约了能耗，由此确立了无需烧煤的供暖模式，实现了自动控制技术在节能环保领域中的应用。

碳晶电热板为分散式安装，可实现每个房间单独控制。当室内温度达到设定温度时，智能温控系统会自动停止加热。同时，可根据办公特点设置分时段时间控制模式，可分室控制、分楼层控制、分时段控制，有人即开、无人即关，该模式可大大降低运行费用。

2.4.3　安装步骤

碳晶供暖系统的安装步骤如下：

（1）碳晶电热板及供电装置的安装。安装碳晶电热板时需根据设计高度和每个房间的电功率进行组合，同时要考虑碳晶电热板的整体性和美观性。在宿舍楼区域安装一台 2500kV·A 箱式变电站，办公楼、食堂区域安装一台 1250kV·A 箱式变电站，进行了矿区 35kV 变电所至箱式变电站及变电站至生活办公区域碳晶供暖专用电缆的敷设，电缆的敷设符合相关规范要求。在每栋楼的每一层安装碳晶供暖专用配电箱，每个房间的碳晶电热板安装单独的电源开关，且电源开关中配有漏电保护装置。

（2）安装碳晶供暖系统的供电设施及远程控制计量设施。在办公楼集控室安装了远程监测控制电脑及软件，碳晶供暖系统安装完成。

（3）对碳晶供暖系统进行调试。首先检测碳晶电热板的运行情况，包括：快速升温时间，升温 3~4min 完成，符合设计要求；对房间内的温度进行检测，8：00 达到 24℃，23：00 达到 27℃（非供暖季，室内温度偏高）；对碳晶板远程监测系统进行调试，每个房间的室内温度、设定温度及电量计量准确；检测远程分时段控制情况，设置的 8 个时间段，每个时间段设置不同的温度，设置温度均能按设置时间进行调整，达到设计要求。碳晶板供暖现场如图 2-4 所示，碳晶板供暖集中控制系统如图 2-5 所示，碳晶板系统配电图如图 2-6 所示。

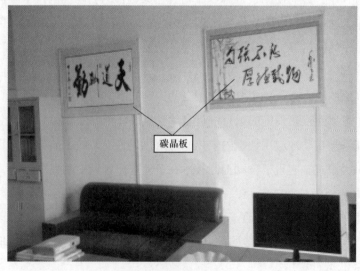

图 2-4　碳晶板供暖现场

图 2-5 碳晶板供暖集中控制系统

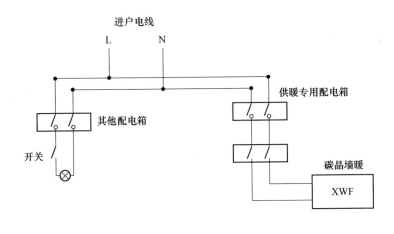

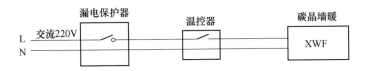

图 2-6 碳晶板系统配电图

L—火线；N—零线

2.5 碳晶供暖系统使用说明

2.5.1 开机操作

碳晶供暖系统开机步骤如下：

（1）检查温控器是否接通电源（观看屏幕即可），如若温控器未启动，手动点击开关键，使温控器处于开启状态。

（2）温控器开启后，检查碳晶电热板是否处于运行状态，将手接近碳晶电热板感受表面热度。

（3）通过温控器屏幕，检查室内温度和设定温度是否正常，温控器状态是否处于"自动"状态。

（4）温控器全部由电脑远程设定，不能进行手动操作，包括设定温度及各时间段温度设定情况，温控器屏幕只可进行观测。

2.5.2 注意事项

使用碳晶供暖需注意如下事项：

（1）使用碳晶电热板时应尽量具备合理的保温措施，减少室内热量散失。

（2）请勿用钉子钉入或其他利器破坏碳晶电热板，以免损坏碳晶电热板周边电极，引起漏电事故。

（3）请勿用力拉扯电源线，碳晶电热板为专用供电线路，严禁私拉乱扯。

（4）长时间不用或离开，请关闭电源。

（5）严禁在碳晶电热板表面晾晒衣物、烘烤食物等，严禁将碳晶电热板作为加热工具使用。

（6）碳晶电热板表面严禁覆盖报纸、衣服等易燃品。

2.6 碳晶供暖效果

我们在生活办公区的宿舍楼、办公楼各选取了一个房间安装了碳晶供暖系统，分别在 8：00 和 23：00 对室内温度进行测量，情况见表 2-3 和表 2-4。宿舍楼和办公楼室内温度变化情况如图 2-7~图 2-10 所示。

表 2-3 宿舍楼室内温度监测明细

日 期	房间号	上 午		晚 间	
		时间	室内温度/℃	时间	室内温度/℃
2019 年 11 月上旬	6 号楼 407	7：56	20	22：58	20
2019 年 11 月下旬	6 号楼 407	7：59	23	23：02	21
2019 年 12 月上旬	6 号楼 407	8：05	22	23：00	19
2019 年 12 月下旬	6 号楼 407	8：03	21	23：05	21
2020 年 1 月上旬	6 号楼 407	7：55	21	23：01	20
2020 年 1 月下旬	6 号楼 407	8：01	22	22：59	20
2020 年 2 月上旬	6 号楼 407	8：00	22	22：55	21
2020 年 2 月下旬	6 号楼 407	8：01	22	22：58	20
2020 年 3 月上旬	6 号楼 407	7：57	20	23：03	22
2020 年 3 月下旬	6 号楼 407	7：58	22	22：59	23

表 2-4 办公楼室内温度监测明细

日 期	房 间	上 午		晚 间	
		时间	室内温度/℃	时间	室内温度/℃
2019 年 11 月上旬	机电科办公室	8：00	21	23：00	23
2019 年 11 月下旬	机电科办公室	9：00	21	23：00	23
2019 年 12 月上旬	机电科办公室	8：10	20	23：07	23
2019 年 12 月下旬	机电科办公室	8：10	20	23：00	23
2020 年 1 月上旬	机电科办公室	8：00	21	23：03	23
2020 年 1 月下旬	机电科办公室	8：01	23	23：00	22
2020 年 2 月上旬	机电科办公室	8：00	21	23：00	23
2020 年 2 月下旬	机电科办公室	8：05	20	23：02	22
2020 年 3 月上旬	机电科办公室	8：00	21	23：00	22
2020 年 3 月下旬	机电科办公室	8：10	21	23：07	23

2019 年 11 月~2020 年 3 月，在宿舍楼和办公楼各选取一个房间，每个房间

测量了 116 组温度数据。每月各随机抽取 2 组数据进行对比分析，室内最高温度 23℃，最低温度 19℃，室内温度低于 20℃一次，其他测量温度均高于 20℃，不合格率为 2.5%。随后我们对系统进行了完善，在系统后期运行中获得的数据均满足设计要求。

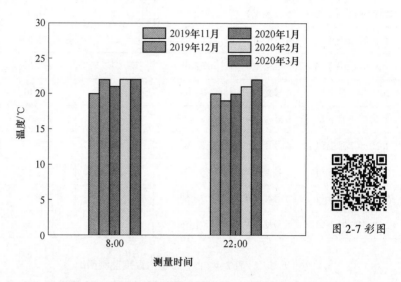

图 2-7　宿舍楼室内温度变化情况（上旬）

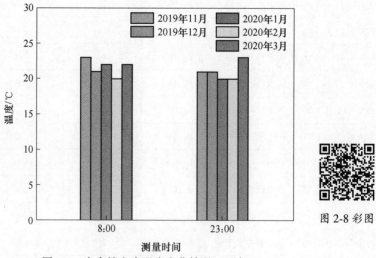

图 2-8　宿舍楼室内温度变化情况（下旬）

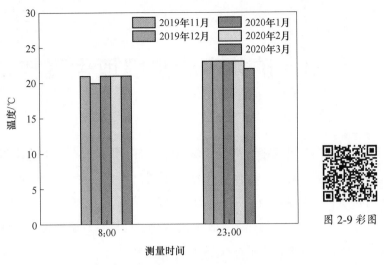

图 2-9 彩图

图 2-9 办公楼室内温度变化情况（上旬）

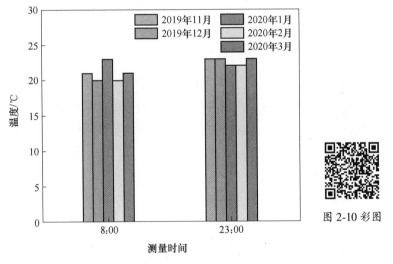

图 2-10 彩图

图 2-10 办公楼室内温度变化情况（下旬）

3 矿井水余热提取供暖技术

煤炭在生产过程中会产生大量热源，如矿井排风、井下排水等均是较优质的低温热源。矿井地理位置及开采深度不同，井下温度全年维持在 12~28℃ 之间，个别区域井下温度更高。矿井回风恒温、高湿的特点决定了其具有巨大的潜热量，可作为良好的低温热源。矿井排水热量同样具有温度恒定、比热容大、取热量大的特点，也可作为低品位热源来提取。

3.1 矿井水余热提取技术原理

3.1.1 水源热泵技术原理

根据热力学第二定律，能量在介质中的传递是有方向性的，热量不能自然地、不经过外界干涉地由低温介质传至高温介质。前文已经介绍，水源热泵技术是利用热泵原理，通过输入少量的高品位电能，将水中的低品位热能资源吸收并转化至高品位热用户，实现低品位热能向高品位热能转移的一种技术。在煤矿方面，则利用矿井水作热源，结合热泵技术提取热量，用于场区建筑采暖、洗浴用热等。矿井水水源热泵工作原理示意图如图 3-1 所示。

根据矿井水是否进入热泵机组与换热器，可将矿井水水源热泵系统分为直接式和间接式。在直接式矿井水水源热泵系统中，矿井水经过防堵塞及软化处理后，直接进入热泵机组进行能量提取，与间接式相比，减小了热泵机组与矿井水之间的传热温差，降低了运行能耗。但是直接式矿井水水源热泵系统对水质要求较高，对蒸发器及冷凝器的制作材料要求较高。间接式矿井水水源热泵系统比直接式多一个中间换热环节，但其运行条件相对好于直接式。但是，间接式系统相对复杂，增加了换热设备，故其工程造价一般高于直接式，运行费用也略高。直接式与间接式矿井水水源热泵系统工作原理示意图分别如图 3-2 和图 3-3 所示。

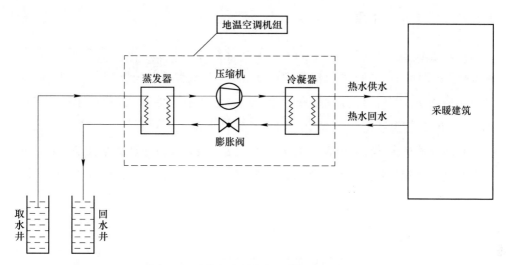

图 3-1 矿井水水源热泵工作原理示意图

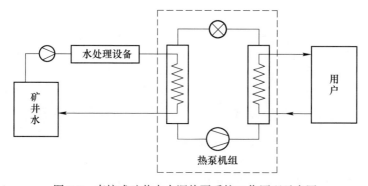

图 3-2 直接式矿井水水源热泵系统工作原理示意图

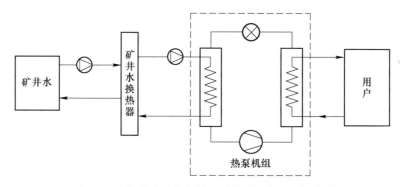

图 3-3 间接式矿井水水源热泵系统工作原理示意图

3.1.2 水源热泵节能原理

在理想状态下热泵的工况循环符合逆卡诺循环（见图 3-4），图中 T 为温度，S 为熵。依图可知，工质在高温热源温度（T）和低温热源温度（T_0）间进行循环。工质在 T_0 时从冷源吸收热量，并进行等温膨胀（D—A），然后通过绝热压缩（A—B），使温度由 T_1 升高至环境温度 T_2，再在 T_2 时进行等温压缩（B—C），并向环境介质放出热量，此时熵有 F 减小至 E。最后进行绝热膨胀（C—D），使工质温度回到初始状态（D），完成一个循环。

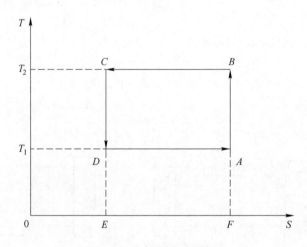

图 3-4 逆卡诺循环温熵图

热泵的热力经济性指标一般由其性能系数 COP（coefficient of performance）表示：

$$COP = \frac{Q}{W} \tag{3-1}$$

式中 Q——热泵向高温热源输出的能量，kW；

W——向系统输入的有用功，kW。

当热泵处于制冷状态时，其性能系数为：

$$COP = \frac{Q_c}{W} \tag{3-2}$$

式中 Q_c——热泵从低温热源吸收的热量，kW。

当热泵处于制热循环时，其性能系数为：

$$COP = \frac{W + Q_c}{W}$$ (3-3)

简化为：

$$COP = 1 + \frac{Q_c}{W}$$ (3-4)

式（3-4）中，由于 $Q_c/W > 0$，热泵系统的性能系数 COP 总大于 1，即输出能量恒大于输入的能量，节能优势显而易见（日常生活中，电取暖的能量利用率一般接近 1，一次化石能源取暖利用率则远远小于 1）。

换种思路，从数学角度分析热源温度对 COP 的影响。根据逆卡诺循环温熵图（见图 3-4），COP 计算公式可写作：

$$COP = \frac{T}{T - T_0}$$ (3-5)

式（3-5）两边对 T_0 求导得：

$$\frac{\partial COP}{\partial T_0} = \frac{T}{(T - T_0)^2}$$ (3-6)

由式（3-6）可以看出 $\dfrac{\partial COP}{\partial T_0}$ 恒大于 0，这说明热泵的 COP 与 T_0（低温热源温度）成正比。

式（3-5）两边对 T 求导得：

$$\frac{\partial COP}{\partial T} = -\frac{T_0}{(T - T_0)^2}$$ (3-7)

从式（3-7）得出 $\dfrac{\partial COP}{\partial T}$ 恒小于 0，这说明热泵的 COP 与 T（高温热源温度）成反比。比较式（3-6）和式（3-7），易知 $\left| \dfrac{\partial COP}{\partial T_0} \right| > \left| \dfrac{\partial COP}{\partial T} \right|$，这说明就对 COP 的影响来说，低温热源温度要明显高于高温热源温度。由此可得，采用较高的低温热源能够实现热泵性能系数的提高。矿井水是稳定的热源，具有较高的比热容，外界越寒冷，水温与大气温度的相差就越高。热泵在制热工况运行时，相当于提高了低温热源温度，从而提高了系统的 COP。由此可见，无论在何种工况下运行，COP 都提高了。这充分说明矿井水水源热泵机组具有高效节能性。

3.1.3 热泵技术分类

热泵是一种利用高品位能源，使热量从低品位热源流向高品位热源的一种节能装置。热泵输出的热量是所消耗的高品位能与低品位能的总和。热泵的工作原理与制冷剂的工作原理相同，都是按照热机的逆循环工作，区别在于工作时的温度范围不同。

3.1.3.1　压缩式热泵技术

压缩式热泵以消耗少量的电能或机械能为代价，从低品位热源中回收大量的热量。压缩式热泵系统由压缩机、冷凝器、节流阀和蒸发器组成，通过管道连接各部分成一个封闭的系统，热泵的工质在系统内不断地循环流动。其系统组成如图 3-5 所示。

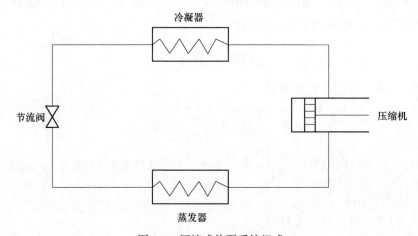

图 3-5　压缩式热泵系统组成

首先，蒸发器内产生低压低温热泵工质蒸汽，然后再由压缩机进行压缩，使工质的压力和温度升高后进入冷凝器；热泵工质蒸汽在冷凝器内保持压力不变的情况下与被加热的水或空气进行热量交换，然后放出热量并冷凝成温度和压力都较高的液体；冷凝后的高压高温液体热泵工质流经节流阀后，压力和温度同时降低并进入蒸发器；热泵工质液体在低压低温的状态下不断吸收低品位热源汽化成蒸汽，而后蒸汽又被压缩机吸入。因此，压缩式热泵的工作过程就是工质在机组内反复经过压缩、冷凝、节流和汽化四个过程的热泵循环。

在压缩式热泵系统中采用着各种类型的压缩机，压缩式热泵的压缩机的工作原理与制冷系统的同类压缩机是一样的，按照压缩机结构的不同，可分为以下几种形式。

（1）活塞式压缩机。活塞式压缩机利用气缸中活塞的往复运动来压缩气缸里的气体，一般利用曲柄连杆机构实现将原动机的旋转式运动转变为往复直线运动，因此也称为往复式压缩机。

（2）涡旋式压缩机。涡旋式压缩机在涡旋定子和涡旋转子的相互配合下工作，运行时形成多个压缩室，当涡旋转子回转时，通过压缩室容积的相互变化来实现压缩气体的目的。

（3）螺杆式压缩机。螺杆式压缩机也称为容积型回转式压缩机，这种压缩机具有结构较简单、部件紧凑和易损件较少的优点。当螺杆式压缩机在高压缩比的情况下运行时，容积效率较高。

（4）离心式压缩机。离心式压缩机通过叶轮的高速运转来实现压缩的目的，也称为速度型压缩机。这种压缩机具有制热能力大、体积小、质量轻和运转平稳的优点，常被使用于大型的空气调节系统中。

3.1.3.2 吸收式热泵技术

吸收式热泵是一种以热能为动力，利用溶液的吸收特性实现将热量从低温热源向高温热源泵送的大型水-水热泵机组。吸收式热泵是回收利用低品位热能的有效装置，适用于有废热或能通过煤炭、石油、天然气及其他燃料获得低成本热能的场合，具有节约能源、保护环境的双重优势。吸收式热泵原理，以汽轮机的抽汽为驱动能源，回收循环水余热，加热热网回水。得到的有用热量，即热网增加的供热量，为消耗的蒸汽热量与回收的循环水余热量之和。

吸收式热泵是利用两种沸点不同的物质组成的溶液的气-液平衡特性来工作的。它由发生器、吸收器、冷凝器、蒸发器、节流阀、冷剂泵及溶液泵组成，吸收式热泵的工作原理示意图如图 3-6 所示。

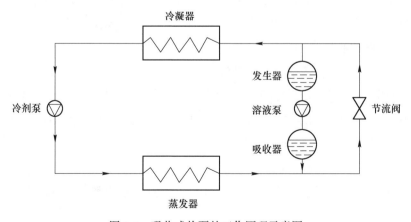

图 3-6　吸收式热泵的工作原理示意图

吸收式热泵的种类繁多，可以按其工质、驱动热源、驱动热源的利用方式、制热目的、溶液循环流程进行分类。

（1）按工质划分。

1）以溴化锂和水为工质的热泵：制冷剂是水，吸收剂是溴化锂。

2）以水和氨气为工质的热泵：制冷剂是氨气，吸收剂是水。

（2）按驱动热源划分。

1）蒸汽型热泵：该型热泵的驱动热源为蒸汽的潜热。

2）热水型热泵：该型热泵的驱动热源为热水的显热，包括工业余热、废热水、地热水或太阳能热水。

3）直燃型热泵：该型热泵的驱动热源为燃料的燃烧热，可分为燃油型、燃气型或多燃料型。

4）余热型热泵：该型热泵的驱动热源通常为工业余热。

5）复合热源型热泵：该型热泵的驱动热源是以燃料、热水或蒸汽的组合形式。

（3）按驱动热源的利用方式划分。

1）单效热泵：热泵机组将热源的热量在机组内循环利用一次。

2）双效热泵：热泵机组将热源的热量在机组内循环利用两次。

3）多效热泵：热泵机组将热源的热量在机组内循环利用多次。

4）多级热泵：热泵机组利用多个不同压力的发生器将热源的热量往复利用。

（4）按制热目的划分。

1）第一类吸收式热泵，也称增热型热泵，是利用少量的高温热源热能，产生大量的中温有用热能。即利用高温热能驱动，把低温热源的热能提升到中温，从而提高热能的利用效率。

2）第二类吸收式热泵，也称升温型热泵，是利用大量的中温热能产生少量的高温有用热能。即利用中低温热能驱动，用大量的中温热源和低温热源的热势差，制取热量少于但温度高于中温热源的热能，将部分中低温热能转移到更高温的品位上，从而提高了热能的利用品位。

（5）按溶液循环流程划分。

1）串联式：冷剂溶液流入热泵机组的顺序为高压发生器—低压发生器—吸收器。

2）倒串联式：冷剂溶液流入热泵机组的顺序为低压发生器—高压发生器—

吸收器。

3）并联式：冷剂溶液在流入高压发生器的同时流入低压发生器，最后流回吸收器。

4）串并联式：溶液同时进入高压发生器和低压发生器，流出高压发生器的溶液再进入低压发生器，然后再流回吸收器。

3.2　不同循环水余热利用

3.2.1　洗澡水余热收集利用

洗浴热水温度一般约为42℃，淋浴出水温度为40℃，地漏处洗浴废水的温度是36℃，洗浴污水池的温度能达29~32℃，自来水冷水水温为14℃，废水里蕴藏着大量的低品位热能（很难利用的热能），且浴室每天排放的洗浴废水量较为稳定，可以通过换热装置将洗浴废水里的低品位热能回收利用。

洗澡时，蓄水部分总进水口的电磁阀打开，总出水口的电磁阀关闭，洗浴废水经地面收集装置收集后逐渐流入蓄水部分；待洗浴废水蓄满蓄水部分后，总出水口的电磁阀适当打开，让蓄水部分的进水速率始终与出水速率保持一致，保证蓄水部分始终在流动平衡中处于蓄满状态。与此同时，会有冷水自来水供水管道经冷水管道进入热水器。在这个过程中，蓄水部分中积蓄的未降温的洗澡废水的热量被热管源源不断地传导至冷水管道中的冷水，以提高冷水的温度，对冷水进行提前预热。洗浴废水的热量被导出后，被冷却的洗浴废水排入下水管道；经初步预热后的冷水随后进入热水器。洗澡水余热收集利用的工作流程图如图3-7所示。

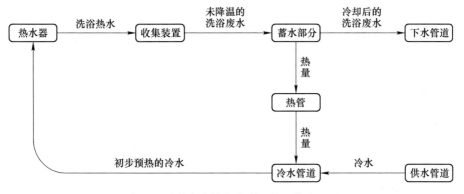

图3-7　洗澡水余热收集利用的工作流程图

3.2.2 热电厂低温循环水余热回收利用

常规火力发电厂煤炭的热能利用率仅约为 45%，大量热能通过循环水排入空气。减少循环水余热损失，提高机组的发电热效率，成为热电厂长期以来需要解决的问题。利用吸收式热泵回收循环水余热用于居民采暖，可解决发电热效率低和供热碳排放高的问题。溴化锂吸收式热泵由发生器、吸收器、冷凝器、蒸发器4 个基本部分组成，溴化锂溶液为吸收剂，水为制冷剂，蒸汽为驱动热源。利用水在低压真空状态下低沸点沸腾的特性，提取低品位废热源中的热量，通过冷凝器加热采暖循环水，工作流程如图 3-8 所示。

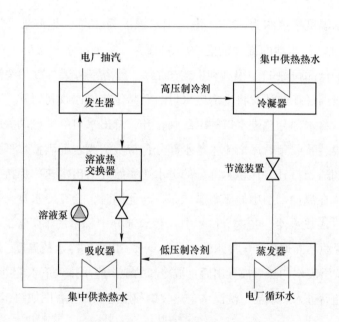

图 3-8　热泵循环工作原理图

合理的驱动蒸汽参数对热泵的正常、高效运行非常重要，热泵驱动蒸汽参数对吸收式热泵工作性能影响显著。研究采用蒸汽引射器方案，即利用高参数蒸汽引射低参数蒸汽，产生满足热泵需求的蒸汽，实现高、低压蒸汽的高效利用。蒸汽引射器的工作原理是把高压蒸汽的势能通过喷嘴形成高速动能，带动吸引低压蒸汽在喷射器混合段充分混合，混合蒸汽在扩压段降速、升压，满足生产需要。引射器结构如图 3-9 所示。

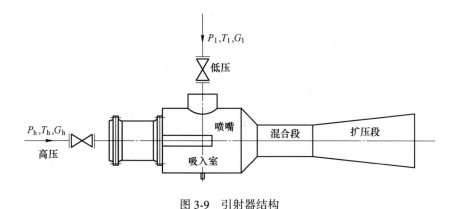

图 3-9 引射器结构

P_1—低压蒸汽压力；T_1—低压蒸汽温度；G_1—低压蒸汽流量；

P_h—高压蒸汽压力；T_h—高压蒸汽温度；G_h—高压蒸汽流量

3.2.3 高炉冲渣水余热回收利用

在钢铁工业中，特别是在长流程生产企业中，高炉余热余能的回收利用率相当低。例如，高炉炼铁的生产中，炉渣是高炉炼铁的副产品，主要采用水力冲渣的方式处理，高温炉渣通过冲渣水冷却。这一过程中能够产生大量高温的冲渣水。高炉冲渣水具有较强的腐蚀性，容易堵塞管道，回收热量比例较小，热回收温度较低，不能充分回收冲渣池内的高品位热量。因此，福建三宝钢铁有限公司炼铁厂开展了高炉冲渣水余热回收设备的研究设计与应用，针对现存问题进行探讨，取得了一定的成绩。高炉冲渣水余热回收设备整体和剖面结构示意图如图 3-10 和图 3-11 所示。

高炉冲渣水余热回收设备使用原理：高炉冲渣水通过水入管进入至过滤箱的内部，过滤组件中的过滤板对高炉冲渣水中的杂质进行过滤，并且定期通过把手将过滤板抽出并对其表面残留的杂质进行清理。过滤后的高炉冲渣水通过水出管和进水管进入到蛇形的换热管中，与回收箱内部的水进行热交换，从而对回收箱内部的水进行加热。加热产生的水蒸气通过排气管进入到热气管道进行使用。当回收箱内部的水温加热至设定温度时，温控仪自动控制第二电磁阀开启，将热水排入至热水管道进行循环使用，然后温控仪自动控制第二电磁阀关闭，并同时控制第一电磁阀开启向回收箱的内部注入定量的水，换热后的高炉冲渣水通过排水管排出进行循环使用。

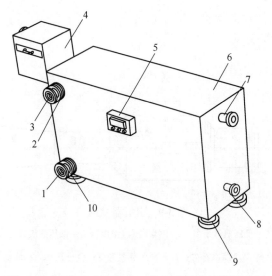

图 3-10　高炉冲渣水余热回收设备整体结构示意图

1—出水管；2—注水管；3—第一电磁阀；4—过滤箱；5—排水管；6—回收箱；

7—排气管；8—温控仪；9—支撑脚；10—第二电磁阀

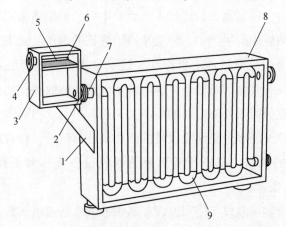

图 3-11　高炉冲渣水余热回收设备剖面结构示意图

1—支撑架；2—水出管；3—过滤箱；4—水入管；5—过滤组件；

6—卡座；7—进水管；8—回收箱；9—换热管

3.3　榆树井煤矿运用实例

目前，矿井排水量平均为 $208\mathrm{m}^3/\mathrm{h}$ ，矿井排水温度为 $15\sim17^{\circ}\mathrm{C}$ ，可提取的热

量约为 2426kW·h。矿井水排至地面后在调节池汇集，通过污水泵将高温矿井水送至板式换热器进行热交换，在污水管道设置自动反冲洗装置，防止污水中的脏物进入换热器。经过换热器换热后的冷污水流回调节池，换热器另一侧通过换热加热后的清水进入热泵机组，并在机组内通过"冷媒"的多次热交换，将矿井水中提取的原始热量交换给供暖水，通过管道泵加压，将高温供暖水输送至各机房车间，散热后的低温供暖水再回到热泵机组进行热交换，实现往复循环。在供暖管道设置反冲洗装置，防止供暖管道中的脏物进入热泵机组。供暖管道和热泵机组为闭式循环，设置有恒压补水装置，用以补充供暖管道循环中的水损失。热泵机组及配套装置全部采用 PLC（Programmable Logic Controller）控制技术，实现自动化控制。通过自主研发设计、集成矿井水余热提取系统，充分利用矿井正常排水的热交换，实现了矿井水余热的充分利用，形成了绿色、环保、清洁能源。

3.3.1　矿井水余热可利用热源计算

矿井水余热利用是利用水所储藏的太阳能资源作为冷（热）源进行转换的空调技术。水源热泵技术的工作原理是通过输入少量高品位能源，实现低温热能向高温热能转移。水源热泵是目前空调系统中性能系数（COP）最高的制冷（制热）方式，理论计算值可达到 7，实际运行值为 4~6。

水源热泵机组冬季可利用的水体温度为 12~22℃，水体温度比环境空气温度高，所以热泵循环的蒸发温度提高，能效比也提高。水源热泵消耗 1kW·h 的电量，用户可以得到 4.3~5.0kW·h 的热量或 5.4~6.2kW·h 的冷量。与空气源热泵相比，其运行效率要高出 20%~60%，运行费用仅为普通中央空调的 40%~60%，技术可行。

矿井排水量约 5000m³/d，平均排水量为 208m³/h，矿井排水温度按为 15~17℃。矿井排水可利用温差按照 10℃计算，提热后排水温度为 5~7℃。

矿井排水可提取的热量为：$Q = 208 \times 4.2 \times 10 \div 3.6 = 2426$（kW·h）

考虑主机压缩机机械能的 80% 会转换为热量，按照标准负荷 COP4.8 计算，380kW 的热能功率进入供暖，预计供暖负荷可到 2806kW。矿井生产机房车间供暖负荷统计见表 3-1。考虑水源小概率的不稳定性，系统管路损耗 10%，计算矿井水水源热泵制取的热量为 2525kW。

表 3-1 矿井生产机房车间供暖负荷统计

建筑物名称	室内计算温度 /℃	采暖建筑体积/m³	单位体积采暖热指标 /W·(m³·K)⁻¹	室内外温差 /℃	采暖功率 /W
主井井塔	15	21628	0.7	30	454188
副井井口房	15	6220	1.3	30	242580
综合水处理车间	15	1996	1.4	30	83832
井口维修间及综采设备周转库	15	33151	0.6	30	596718
材料库	12	16347	0.6	30	294246
消防材料库	12	450	2.1	27	25515
锚网厂	12	2160	1.3	27	75816
合　计			1772895W		

通过矿井水余热计算得出，利用水源热泵可提取矿井水热量为 2525kW。配置 3 台螺杆式水源热泵，两用一备，制热量≥1192kW，总制热量为 2384kW，制热总输入功率为 542kW。

3.3.2 矿井水余热利用关键技术

矿井水余热利用关键技术有：

（1）矿井水余热系统防堵技术。为防止污水中的脏物进入换热器，配置 2 台旋流除沙器，每台处理水能力为 120m³/h，在污水管道设置自动反冲洗装置 1 台，处理水能力为 240m³/h；为防止供暖管道中的脏物进入热泵机组，在供暖管道设置反冲洗装置 1 台，处理水能力为 450m³/h。

（2）矿井水余热系统水处理技术。矿井水水质硬，会造成余热利用系统堵塞，采用 JME2-50 软水器降低水的硬度，确保系统正常运行。供暖系统在运行中会有水损失，设置自动恒压补水系统，采用 PLC 变频控制技术，供暖系统恒压补水。

（3）自动控制技术。在自动控制技术的应用中，人们采用了 PLC 自动控制系统，对热泵机及其配套设施进行自动控制，同时将热泵机与供热管道设置成了一个闭环的结构，由此不断地向供暖管道输送热量。在自动控制运行中，矿井水会被污水泵输送到换热器处完成换热，且此部分余热会被用于加热清水，然后被加热的清水则会通过热泵机组输送到供暖管道中，待散热后，再由热泵机组送回换热器处进行加热，以循环利用，省去一部分的加热能耗，实现节能环保。此外，在自动控制技术的应用中，所使用的污水泵带有反冲洗装置，能够避免矿井水中的污物、杂质进入换热器，减少了换热器的故障发生率，维护了能耗成本，深入优化了余热供暖系统的节能环保效果。

3.3.3 安装步骤

安装步骤如下：

（1）安装水源热泵机组。热泵机组安装在矿井水处理站内，3台板式换热器、各类水泵及供水管道和暖气架空管道。安装1台2500kV·A矿井水余热利用系统专用箱式变电站，敷设矿井水处理站变电所至箱式变电站及变电站至矿井水余热利用系统专用电源电缆。安装PLC控制柜及控制柜到系统各控制阀的控制电缆。

（2）安装矿井水余热利用系统控制电缆及远程控制电脑及软件，系统全部安装完成。水源热泵机组开机后，检查机组、各水泵及板式换热器运行情况，检查各配电、控制设施运行情况。检测到热泵机组蒸发器进水温度10℃，出水温度5℃，冷凝器出水温度53℃，符合冷凝器出水温度50~55℃设计要求。检测热泵机组进水低温保护（2℃）、停水保护，各项性能指标均符合设计要求。远程监测控制系统的各监测数据正常，远程控制正常。

3.4 矿井水余热提取供暖系统使用说明

3.4.1 开机操作

开机操作步骤如下：

（1）检查供电设备的电压、电流等是否正常。

（2）预热。空调主机预热需保证在12h以上。

（3）启动主机。待井水系统、末端系统循环正常后启动主机按钮。

3.4.2 关机操作

关机操作步骤如下：

（1）先关闭主机按钮。

（2）关闭水源热泵按钮。然后关闭末端循环泵。确定主机完全卸载5min后，才可以关闭循环泵和潜水泵，其关闭顺序为：主机—水源热泵—循环泵。

3.4.3　注意事项

使用时的注意事项有：

（1）机组运行异常（如有烧焦气味等）时立即切断电源并与售后或厂家取得联系，继续使用可能造成设备事故，发生电击或火灾。

（2）机组入水口的 Y 型过滤器应根据水质情况定期或不定期清洗、更换。

（3）季节转换时注意机组和阀门的切换。

（4）不能用湿手操作机组。

（5）禁止使用超出额定参数以外的熔断器。

（6）禁止用手指按电磁接触器来启动压缩机。

（7）禁止以用短路安全装置迫使压缩机启动。

（8）控制箱门开启时不能启动机组。

（9）保证电源电压在±10%以内变化，否则机组无法正常运行。

（10）清扫机组时应使机组停止运转并切断电源。

（11）禁止用水冲洗机组。

（12）查看出井水、热水的出回水温度，主机的高（低）压值，每 2h 进行一次记录。

（13）检查电线电缆的电流和温度是否正常。

（14）旋流除砂器和全程水处理器 3 天排污一次。

长期停机的注意事项有：

（1）如果机组需长期停机，需做好以下工作：

1）切断电源，断开控制电路上的小空开，按下红色急停开关。防止油电加热器工作及其他人误开机。为了省电和安全，长期停机，请断开电源。

2）将换热器中的水排放干净。防止长期停机加快机组换热器的腐蚀，亦防止当环境温度低于水的冰点导致机组换热管的损坏。

3）排水后充分对水源热泵机组内部进行清扫，防止水源热泵机组内部的腐蚀。

（2）长期停机后再运转之前，请确认以下事项：

1）开始前需进行绝缘电阻测试。

2）要将机组通电 12h 以上，确保油温达到 40℃ 或高于环境温度 15℃ 以上，再开机。

3.4.4 开停机检查及故障处理

（1）设备开停机检查（见图 3-12）。首先，点击触摸屏，点亮控制画面。

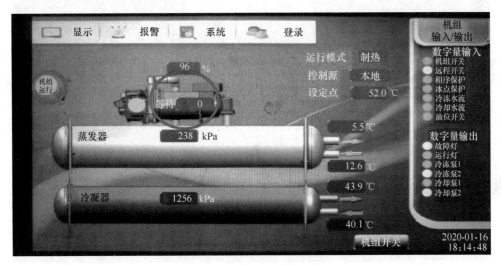

图 3-12 设备开停机检查界面

其次，观察圈处 1 为机组运行，圈 2 处为等待 0s 时，即为机组开机、正常运行。若如图 3-13 所示，圈 1 处报警灯闪烁，圈 2 处故障指示灯长亮，圈 3 处显示等待 180s，即为故障停机状态。

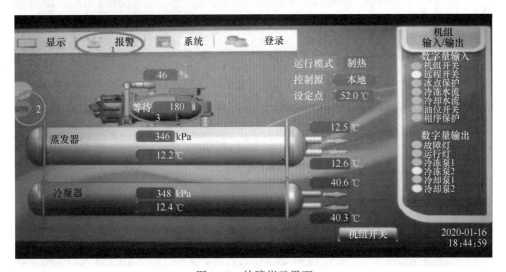

图 3-13 故障指示界面

（2）故障处理及重启。首先，点击闪烁的报警灯，会出现"实时报警"选项，点击"实时报警"，进入图 3-14 界面。

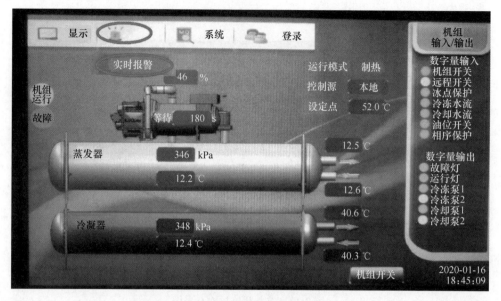

图 3-14 实时报警界面

此时会看到一条或多条报警详情（右边长条红圈处）和报警复位按钮（见图3-15）。

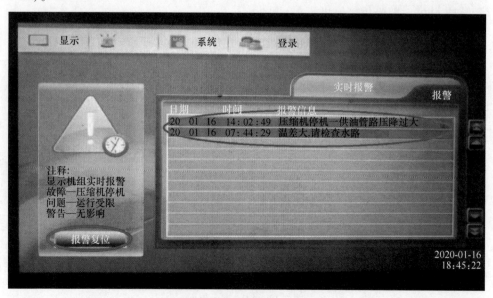

图 3-15 实时报警详情界面

其次，长按报警复位按钮，报警详情会逐条清除，报警灯不再闪烁（见图3-16）。

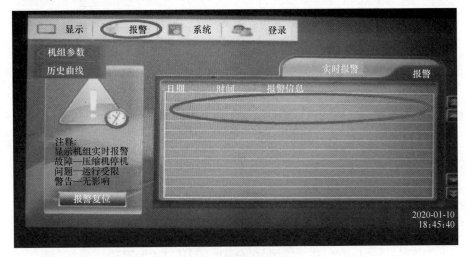

图 3-16 报警复位界面

再次，点击左上角的显示按钮，会出现"机组参数"的对话框，点击"机组参数"，回到控制界面（见图3-17）。

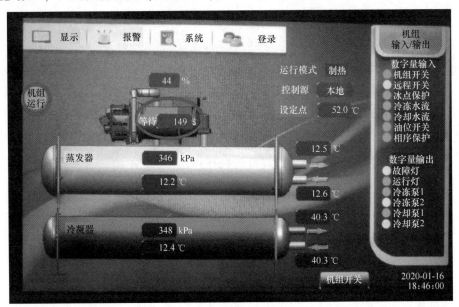

图 3-17 机组控制界面

此时，机组已进入到重启计时，等待区域进入倒计时读秒，故障指示灯已经去除，机组显示"机组运行"，当倒计时为"0"时，机组将重启。

4 风井乏风余热换热供暖和井筒防冻保温技术

本章论述了风井乏风直接与冷空气热交换技术，与淋水式乏风热泵技术和空气源热泵技术相比，该技术减少了"冷媒"热传递过程中的热损失，提热效果更佳。

4.1 矿井回风余热利用基础理论

通过对国内外文献资料的查证对比得知，风井乏风余热利用多采用直接利用技术、淋水式乏风热泵技术和空气源热泵技术。通过比较发现：

第一种直接利用技术，乏风利用热效率低，大量热量损失。

第二种淋水式乏风热泵技术有如下缺点。

（1）乏风利用率低，水汽带走大量余热。

（2）系统复杂，包括喷淋系统、循环系统、集水池、过滤器、热泵系统等。

（3）由于采用喷淋换热，乏风中脏物全部进入水中，经常导致过滤器和机组堵塞。

（4）采用"冷媒"为热传递媒介，存在热损失。

第三种空气源热泵技术，分为螺杆式空气源热泵和涡旋空气源热泵，该热泵采用"冷媒"为热传递媒介，系统复杂性高，投资较大。

4.1.1 矿井回风热泵技术原理

热泵是把高品位热能作为驱动力，将低品位热能转向高品位热能的装置。热泵和水泵作用一样，将使不能直接利用的低品位冷（热）源（如太阳能、生活废水、工业废水、矿井排水、矿井乏风等）转换为可利用的高品位热能，从而达到节约能源（如煤、天然气、石油、电等）和节约能耗的目的。利用高效回风换热器回收煤矿矿井回风中的热能作为热源系统的冷（热）源，满足煤矿工业广场地面建筑物冬季采暖，夏季空调制冷，井筒防冻和全年职工洗浴用热的需要。

热泵的理论循环遵循热力学第二定律、热力学第一定律、逆卡诺循环和洛伦兹循环。热泵的功能就是从周围环境低温热源中吸取热量，由动力机把热量传递给高温的物体。矿井回风余热回收系统工作原理示意图如图4-1所示。

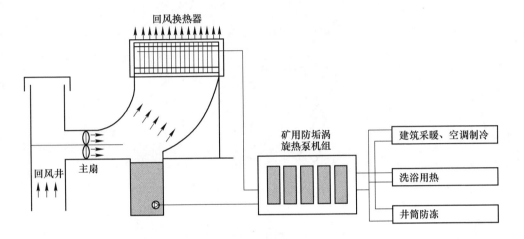

图4-1　矿井回风余热回收系统工作原理示意图

4.1.2　喷淋换热器工作原理

冬季制热时，喷淋水温度约为10℃，矿井回风温度约为20℃。从换热器中喷淋下来的水雾与向上运行的回风在扩散塔中相遇并换热，水温升高，升温后的水雾经处理后进入热泵机组。热泵机组将低品位的热能转化为高品位热能后可用于建筑采暖、井口防冻、洗浴用热等。夏季制冷时，喷淋水温度约为30℃，矿井回风温度约为20℃，喷淋水雾与回风换热后温度降低，经热泵机组进一步降低温度后可用于空调制冷。此外，回风换热器在喷淋换热过程中还能去除回风中大量的粉尘，显著降低排气主扇产生的噪声。经过换热和除尘后，清洁的回风经换热器上方的挡水板直接排出。

当饱和边界层中水汽压力与周围回风中的水汽压力不同时，饱和边界层中的水汽分子与回风中的水汽分子进行着不等量转移，从而发生水汽蒸发或凝结，使回风被加湿或干燥，此过程为回风与水滴之间的质交换，同时伴随着潜热（质）交换。当回风被加湿时，不仅其含湿量升高，潜热量也同时升高；同理，当回风被干燥时，其含湿量降低，所含的潜热量也降低，回风与水滴热湿交换过程如图 4-2 所示。此外，由于回风与水滴之间存在着温度差，它们之间还会发生显热交换。显热交换主要依靠传导、对流和辐射三种方式进行，其中对流起着主要作用。

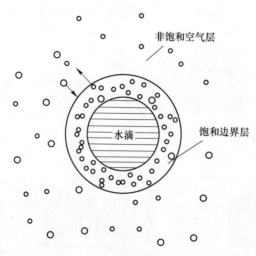

图 4-2　回风与水滴热湿交换过程

4.1.3　风风换热器工作原理

风风换热器利用风井乏风直接与冷空气进行热交换，减少"冷媒"热传递过程中的热损失；冷空气通过预热提温后，再经过三级热交换，实现对乏风热量的最大限度提取；模块化设计，随着井下巷道的延伸，矿井风量增加，具备后续扩展能力。副井口供暖恒温控制技术，风风换热器配合暖风机，采用 PLC 模糊控制技术，优先使用免费的乏风余热，实现清洁能源的有效利用，高效节能。自行研发的风风换热器乏风利用技术的投入与空气源热泵技术相比，可降低约 28%。

风风换热器采用模块式设计，外部设有不锈钢外罩和空气过滤网，共计由 9 个换热模块组成，每 3 个换热模块为一套加热组，一共分为三级加热段组。三级加热段组平行安装，每 2 组加热段组之间串联连接。风风换热器外部有 2 条直径分别为 2m 的输风管道，每条输风管道设有 4 台轴流风机，负责将加热后的冷空气输送至井筒。风风换热器内部分为乏风流过通道和冷空气流过通道，两个通道互不联通。风井乏风进入风风换热器后，在乏风通道中流过，分别在三级加热段组中进行热交换，失去热量的乏风最后排至大气中。风风换热技术原理示意图如图 4-3 所示，风风换热器和输风管道如图 4-4 所示，副井暖风出风口如图 4-5 所示。

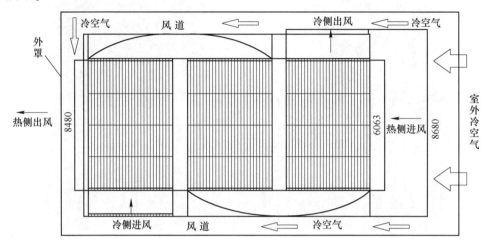

图 4-3　风风换热技术原理示意图

(图中数据单位为 mm)

图 4-4　风风换热器和输风管道

开动轴流风机后，风风换热器的冷空气通道呈负压状态，室外冷空气在负压作用下，通过换热器进风口的空气过滤网进入不锈钢外罩和换热器构成的预热风

图 4-5 副井暖风出风口

道中进行预热，预加热后的冷空气进入风风换热器第一级加热段组。在第一级加热段组内乏风和冷空气完成第一次热交换，加热后的冷空气再进入第二级加热段组内进行第二次热交换。一共经过三次热交换，加热后的冷空气再输送至井筒。

井筒保温采用恒温控制模式，井口设有 4 台暖风机，热源来自矿井水余热提取系统，风井乏风换热供暖和暖风机配合，采用 PLC 模糊控制技术，优先使用免费的乏风余热，当不能满足井筒防冻时，开启井口暖风机，温度升高时，暖风机逐级停止，既满足井口防冻的需要，又防止能源的浪费。

矿井进风量约 6300m³/min，其中副井约 4800m³/min，主井约 1500m³/min，风井排风量约 6400m³/min，排风温度为 17~20℃，湿度约 88%，风井乏风可提取的热量约 4802kW。通过自主设计、定制加工及集成，实现了矿井乏风余热的提取与利用。

井下乏风通过 2 台扇风机从井下抽至地面，在扇风机和排风通道之间加装 1 组模块化的风风换热器，将风井乏风中的热量进行提取。经过风风换热器加热的冷空气通过轴流风机和输风管道送至井筒，加热后的冷空气温度为 15~18℃，为井筒提供热源；经过风风换热器被提取热量的乏风通过原排风通道排向大气中。风风换热器的安装及检测如下：

（1）进行风风换热器的安装，原有扇风机通风道拆开，施工时不能影响扇风机运行，先在备用侧扇风机及风道施工，施工完成后，对另一侧风道进行拆装施工。新风通道采用铝合金板材焊接，乏风通道采用钢板焊接，3 组换热器模块进行连接，换热器上部留有加装空间。加工直径 2m 的通风管道共计 560m，管道加工完成后进行保温处理，采用聚氨酯发泡进行保温，外部用铝皮进行防护，加工好的管道进行架空敷设。安装送风轴流风机 6 台，井口暖风机 8 台。安装配电及控制系统。

（2）进行风井乏风余热换热供暖和井筒防冻保温系统的调试，风风换热器输送至井口，温度 17℃，符合设计要求，井口温度早上 8.8℃，晚上 23.12℃，符合设计要求（8~10℃）。井口恒温系统测试正常，暖风机正常开启和关闭。井口供风量 83m³/s，符合设计要求。

4.2 榆树井煤矿乏风热负荷计算

4.2.1 井口保温热负荷计算

榆树井煤矿井口保温热负荷计算有现阶段和中长期两种：

（1）根据现场实测进风量计算井口保温热负荷，现阶段榆树井煤矿进风量为 6300m³/min，近年冬季极限最低温度约 -27℃。现阶段需要的热负荷：

$$Q = L \times \rho \times C_{p} \times (t_{j} - t_{wp})$$
$$= 6300 \times 60 \times 1.279 \times 1.01 \times (2 + 27) \div 3600 = 3934(kW)$$

(4-1)

式中　Q——现阶段所需热负荷，kW；

　　　C_{p}——比热容，kJ/(kg·℃)；

　　　L——进风量，m³/min；

　　　ρ——空气密度，kg/m³；

　　　t_{j}——井口温度，℃；

　　　t_{wp}——最低温度，℃。

考虑 17%~20% 的风量从主井进风，80%~83% 的风量从副井进风，设计安装主副井平均风量分配比例为 18.5:81.5，现阶段热量分配为：

主井热负荷为 3934×18.5% = 728(kW)；

副井热负荷为 3934×81.5% = 3206(kW)。

（2）井口中长期保温热负荷。榆树井煤矿主井前期进风量为 20m³/s，后期主井进风量调整为 29m³/s。副井前期进风量为 87m³/s，后期副井进风量调整为 120m³/s。安装冬季极限最低温度 -22.5℃。达到矿井井口送风温度 2℃（保证井口不结冰）的安全性要求。

主井初期：

$$Q = 20 \times 1.284 \times 1.01 \times (2+22.5) = 635.5 \quad (kW)$$

主井后期：

$$Q = 29 \times 1.284 \times 1.01 \times (2+22.5) = 921.4 \quad (kW)$$

副井初期：

$$Q = 87 \times 1.284 \times 1.01 \times (2+22.5) = 2764.2 \quad (kW)$$

副井后期：

$$Q = 120 \times 1.284 \times 1.01 \times (2+22.5) = 3812.7 \quad (kW)$$

风井排风量现阶段约为 6400m³/min，排风温度为 17~20℃，根据矿井设计，副井初期进风量为 87m³/s，主井初期进风量为 20m³/s，合计约为 6420m³/min；副井后期进风量为 120m³/s，主井后期进风量为 29m³/s，合计约为 8940m³/min。

4.2.2 空气源热泵提热法

该类排风热可使用空气源热泵提热法、水源热泵喷淋提取法、风风换热器提热三种方式，技术上可行，具备提取条件。

根据榆树井煤矿提供的数据，榆树井煤矿矿井排风量为 6400m³/min，排风温度为 17~20℃，湿度一般为 95%。按照湿度 85% 计算，矿井排风焓值为 52.14kJ/kg，空气密度 1.2kg/m³。余热利用温差按 15℃ 计算，提热后矿井排风温度降到 5℃，湿度为 100%，排风焓值❶为 18.75kJ/kg，空气密度为 1.25kg/m³。结合空气源热泵的效率表及排风温度，现阶段可提取空气热负荷：

$$Q_t = v_1 \rho_1 i_1 - v_2 \rho_2 i_2 \tag{4-2}$$

$$Q_t = 3464 \times 60 \times 1.2 \times (52.14-18.75) \div 3600 = 4268 \quad (kW)$$

式中 Q_t——不同阶段风井乏风提取热载荷，kW；

v_1——矿井进风风量，m³/s；

v_2——矿井出风风量，m³/s；

---

❶ 排风属于降温，采用焓值计算。

ρ_1——矿井进风密度，kg/m³；

ρ_2——矿井出风密度，kg/m³；

i_1——热空气的焓值，kJ/kg；

i_2——提热后空气的焓值，kJ/kg。

据以上计算可知，榆树井煤矿矿井排风余热量可提取 4268kW，热泵运行效率较高，制热运行功率的 70% 会转换为热量输出。即现阶段乏风热泵整体制热量 5086kW。

矿井初期热泵可提取乏风热负荷：

$$Q = 6420 \times 60 \times 1.2 \times (52.14 - 18.75) \div 3600 = 4280 \ (\text{kW})$$

据以上计算可知，榆树井煤矿矿井排风余热量可提取 4280kW，热泵运行效率较高，制热运行功率的 70% 会转换为热量输出。即矿井初期可热泵提取乏风热负荷 5089kW。

矿井后期热泵可提取乏风热负荷：

$$Q = 8940 \times 60 \times 1.2 \times (52.14 - 18.75) \div 3600 = 5960 \ (\text{kW})$$

据以上计算可知，榆树井煤矿矿井排风余热量可提取 5960kW，热泵运行效率较高，制热运行功率量的 70% 会转换为热量输出。即矿井后期热泵可提取乏风热负荷 7047kW。

为便于分析不同温度下的空气源热泵机组的效率，将空气源热泵工况列表如下（见表 4-1）。该表为与大气源空气源热泵相同的超低温机型计算效率值，进气温度与 21℃ 工况较为接近，为安全起见，借用 17℃ 工况选配设备，制热温度为 50℃，制热量为 160.3kW，输入功率 43kW，*COP* 为 3.7。从此表可以看出，该工况下空气源热泵机组效率较高，属于节能类热源。

表 4-1　空气源热泵工况

环境温度	制热能力	出水温度				
		35℃	40℃	45℃	50℃	55℃
-26℃	热量/kW	56.6	55.2	53.9	—	—
	功率/kW	21.2	23.1	25.3	—	—
-20℃	热量/kW	77.0	75.3	73.5	71.8	—
	功率/kW	27.3	29.4	30.7	31.8	—
-15℃	热量/kW	92.9	92.2	91.8	91.1	—
	功率/kW	30.3	34.2	35.8	38.5	41.7

环境温度	制热能力	出水温度				
		35℃	40℃	45℃	50℃	55℃
-10℃	热量/kW	105.1	104.8	104.2	104.2	103.1
	功率/kW	31.2	34.7	37.0	37.0	42.8
-5℃	热量/kW	122.2	120.2	118.3	113.2	109.5
	功率/kW	31.7	35.0	38.1	41.5	44.1
0℃	热量/kW	130.6	128.8	126.9	119.6	115.9
	功率/kW	32.0	35.2	38.4	42.4	45.1
7℃	热量/kW	147.2	144.6	141.0	136.3	130.5
	功率/kW	32.3	35.4	38.8	42.6	46.2
10℃	热量/kW	156.9	153.9	149.8	144.7	138.4
	功率/kW	32.5	35.6	39.0	42.7	46.8
15℃	热量/kW	174.7	171.0	166.2	160.3	153.4
	功率/kW	32.9	36.0	39.3	43.0	47.0
21℃	热量/kW	198.9	194.3	188.6	181.8	174.0
	功率/kW	33.5	36.6	39.9	43.5	47.5

为确保系统安全，需考虑管路损失及污垢系数，按照系统损失 10% 计算得出：

矿井现阶段可提取乏风热负荷：

$$Q = 2747 \times 0.9 = 2470 \ (kW)$$

矿井初期可提取乏风热负荷：

$$Q = 5089 \times 0.9 = 4580 \ (kW)$$

矿井后期可提取乏风热负荷：

$$Q = 7047 \times 0.9 = 6340 \ (kW)$$

4.2.3　风风换热器提热法

风风换热器运行原理是：冬季室外的新风进入风风换热机组后，经风机提取，通过风管输送至需要保温的井口。风井与需保温井口的距离不宜超过 300m，距离越长，风阻越大，热损失越高，最关键的是投资造价增高，投资收益合理性下降。榆树井煤矿主井离进风副井 280m，适合使用风风换热器对副井的井口进行保温。

根据榆树井煤矿提供的数据，榆树井煤矿矿井排风量为 $6400m^3/min$ ，排风温度约20℃，湿度一般为95%，按照85%计算，矿井排风焓值为 $52.14kJ/kg$ ，空气密度 $1.2kg/m^3$ 。余热利用温差按15℃计算，提热后矿井排风温度降到7℃，湿度为100%，排风焓值为 $22.85kJ/kg$ ，空气密度为 $1.259kg/m^3$ 。现阶段可提取乏风热负荷：

$$Q = 3464 \times 60 \times 1.2 \times (52.14 - 22.85) \div 3600 = 3751 （kW）$$

矿井初期可提取乏风热负荷：

$$Q = 6420 \times 60 \times 1.2 \times (52.14 - 22.85) \div 3600 = 3762 （kW）$$

矿井后期可提取乏风热负荷：

$$Q = 8940 \times 60 \times 1.2 \times (52.14 - 22.85) \div 3600 = 5240 （kW）$$

该方式运行费用较低，属于免费能源，但只能用于井口保温，耗电量仅为风机耗电，耗电量很少。考虑管路损失及污垢系数，按照系统损失10%计算。即最终计算数据为：

矿井现阶段可提取乏风热负荷：

$$Q = 3751 \times 0.9 = 3376 （kW）$$

矿井初期可提取乏风热负荷：

$$Q = 3762 \times 0.9 = 3385 （kW）$$

矿井后期可提取乏风热负荷：

$$Q = 5240 \times 0.9 = 4716 （kW）$$

4.3　榆树井煤矿乏风利用关键技术对比

4.3.1　空气源热泵乏风余热提取技术

榆树井煤矿冬季乏风排风最高气温可达20℃，一般气温在 17~20℃ 之间，按照17℃环境温度选择低温空气源热泵。为减少安装难度，采用蒸发器表冷器与设备分体设计，通过铜管连接。为便于对比乏风热泵与大气热泵的参数，设备选型按照统一规格的涡旋热泵选型。

选型热量为1690kW，按照系统损耗5%考虑，热输出1775kW计算。随着矿井生产的进行，井口保温的负荷会有两次变化，分别为前期3762kW和后期

5240kW。现阶段的热量仅约是后期热量的 1/2。为了方便现场安装和今后的检修与系统扩容，机组集风房为一次性设计，预留安装空间，为以后二次扩容提供方便。

设计参考机型的单台空气源热泵参数为：大气工况 20℃，为安全起见按照 15℃工况选型，出水温度 50℃，制热量 160.3kW，功率 43kW。需使用 11 台乏风空气源热泵联合制热，为保证系统安全，实际配置 12 台机组，以保证矿区供暖效果。空气源热泵系统投资预算见表 4-2。

表 4-2　空气源热泵系统投资预算

工程内容	型　　号	数量	单价 /万元	总价 /万元
乏风空气源热泵	制热量 160.3kW，功率 43kW	12 台	13	468
供暖循环泵	流量 182m³/h，扬程 44m，功率 37kW	3 台	2.7	8.1
井口保温机组	中温型，制热功率 450kW	6 个	6.2	17.2
设备安装	铜管、保温、集风房等	1 项	180	180
室外管网	室外管路，含机房	1 宗	121	121
高低压配电	功率 547kW	1 项	75	75
PLC 控制系统	全自动控制，无人值守	1 项	20	20
管理费		1 宗	15	15
其他费用		1 宗	25	25
总计	929.3 万元			

4.3.2　风风换热器乏风余热提取技术

从热量平衡分析，现阶段满足 3206kW 即可实现井口保温，随着矿井生产的进行，井口保温的负荷会有两次变化，分别为前期 3762kW 和后期 5240kW。现阶段的热量约是后期热量的 1/2。为了方便现场安装和今后的检修与系统扩容，风风换热机组采用模块式设计。风风换热器的整体外形尺寸为长 11.4m，宽 8.68m，高 8.25m。共计由 9 个换热模块组成，每 3 个换热模块为 1 套加热组，一共分为三级加热段组，3 组模块平行安装，每 2 组模块之间用串联连接。新风侧总流道长 17.9m。该风风换热器标准换热量 5200kW，最大提热量 5800kW。乏风有效通风截面积 31.395m²，风速 6.37m/s。新风风量 82m³/s，出风温度 6℃。

本期现按照 3 个模块，以后再另行增加。风风换热器技术参数见表 4-3，风风换热器侧视图和俯视图如图 4-6 和图 4-7 所示。

表 4-3　风风换热器技术参数

项目名称	技 术 参 数
数量	1 套
额定换热量	1780kW
新风量	49m³/s，预留 80~100m³/s 安装空间
进出风温度	进风：-27℃；出风:2~9℃可调
矿井排风量	58m³/s
进出风温度	进风：-20℃；出风：7℃
配电功率	风机 110~180kW，需二次核算风阻确认
电源	380V，50Hz
外形尺寸	11400mm×8680mm×3250mm，最终高度 8250mm

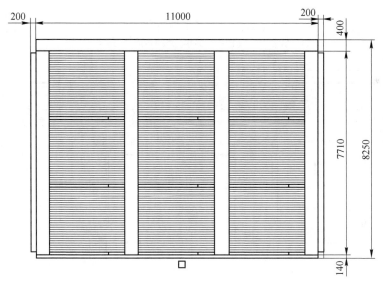

图 4-6　风风换热器侧视图

（图中数据单位为 mm）

风风换热器安装在矿井排风机出风口，拆除原降噪段，做导流管道风风换热器，导流管内安装吸音降噪棉。出风口也可用于检修风风换热器。风风换热器的外端接弯头向上形成新的排风口，用于提热。在离地面下方 1.5m 处焊接风风换热器的安装平台，安装位置较低，便于操作。其安装方式示意图如图 4-8 所示。

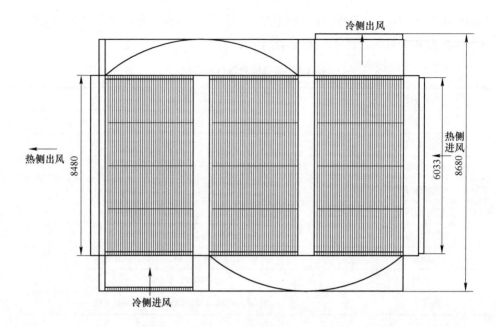

图 4-7　风风换热器俯视图

（图中数据单位为 mm）

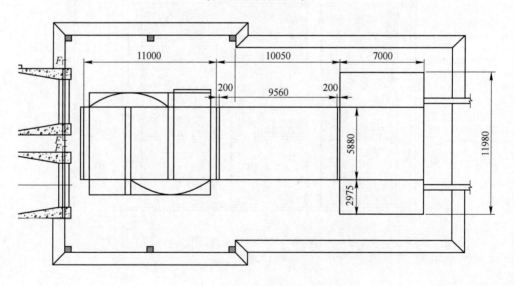

图 4-8　风风换热器安装方式示意图

（图中数据单位为 mm）

　　风风换热器安装方式优点：无需安装导流切换风阀，100%的风进入风风换热器，使风风换热器效率最大化；矿井排风机中的热量也进入排风，热量更充足；在排风口外施工，风险性小，不影响矿井正常排风生产；排风机前方施工，不影响风井场地美观，安装位置低，安装简单，运行管理非常方便，施工费用低。风风换热系统投资概算见表4-4。

表4-4 风风换热系统投资概算

序号	设备及项目名称	型号、用途及参数	数量	单价/万元	总价/万元
1	模块式风风换热器机组	SIE380-9/3-3/2.5-3A-1780/3；热侧进出风温度20/7℃，风量149m³/s；冷端49m³/s，进（出）风温度-27(6)℃，标准提热量1780kW，最大提热量1935kW，可三级组合	1台	287.3	287.3
2	排风道改造	钢板风道	1宗	38.2	38.2
3	风风换热器基础平台	土建部分	1宗	62.2	62.2
4	引风机	49m³/s；因未核定风阻，一般功率110~220kW	2台	12.9	25.8
5	新风进风道	用于新风进风及送风使用	290m	0.5	145
6	设备运输费	—	1项	16.5	16.5
7	设备组装费	—	1项	72.0	72.0
8	电源、配电接线	含自动控制	1项	20.0	20.0
合计		667.0 万元			

通过空气源热泵乏风余热提取技术和风风换热器乏风余热提取技术的比较，空气源热泵乏风余热提取技术更为高效，但系统投资较大、系统复杂、运行模式较多，效益较低。

4.4 井筒防冻保温恒温控制技术

4.4.1 井口防冻保温必要性

井筒防冻是指通过人工供暖确保矿井新风进口的新风温度大于2℃，避免井口结冰。因为井口一旦结冰将存在冰块坠落矿井的风险，严重危害井下作业人员和设备的安全，且井口结冰会减少通风有效截面，造成通风量不足，破坏矿井通风循环。同样危害井下作业人员安全。《煤炭工业矿开设计规范》（GB 50215—

2015）中规定：在采室外计算温度不高于-4℃地区的进风立井、不高于-5℃地区的进风斜井和不高于-6℃地区的进风平硐，当有淋帮水、排水管和排水沟时，应设置空气加热设备。各煤炭基地气候条件统计见表4-5，各煤炭基地霜冻期统计见表4-6。

表 4-5　各煤炭基地气候条件统计

基地名称	地 区	常年年平均温度/℃	1月平均最低气温/℃	极端最低气温/℃
蒙东基地	鹤岗	3.4	-17	-35
冀中基地	邯郸	13.5	-2.3	-10
鲁西基地	兖州	13.6	-6	-10
河南基地	义马	15	-3	-9
两淮基地	六安	15	0	-10
晋北基地	大同	6.8	-17	-29
晋东基地	阳泉	10	-10	-19
晋中基地	保德	8.8	-8	-20
神东基地	鄂尔多斯	6.2	-11	-35.7
宁东基地	银川	9.5	-14	-30
陕北基地	榆林	10.7	-16	-25
黄陇基地	延安	9.9	-11	-25.7
新疆基地	乌鲁木齐	7.3	-18	-41.1
云贵基地	六盘水	15	2	-5

表 4-6　各煤炭基地霜冻期统计

基地名称	地 区	纬 度	霜冻期
蒙东基地	蒙东、辽宁、吉林、黑龙江	47°N	2019年10月至2020年5月
冀中基地	峰峰、邯郸、邢台	40°N	11月至次年3月
鲁西基地	兖州、新汶	35.5°N	11月至次年3月
河南基地	义马、焦作	35.7°N	12月至次年2月
两淮基地	淮南、淮北	31.7°N	12月至次年2月
晋北基地	大同、平朔	40°N	10月至次年4月

基地名称	地　　区	纬　　度	霜冻期
晋东基地	晋城、潞安、阳泉	37.9°N	11月至次年3月
晋中基地	西山、霍东	36°N	11月至次年3月
神东基地	神府、东胜	39°N	10月至次年3月
宁东基地	石嘴山、灵武	39°N	10月至次年3月
陕北基地	榆神、榆横	38.8°N	11月至次年3月
黄陇基地	彬长、黄陵	35.6°N	11月至次年3月
新疆基地	北疆地区	44°N	10月至次年4月
云贵基地	六盘水、筠连	26.6°N	<1个月

将纬度为31.7°N的两淮基地作为分界点，低纬度地区矿井无需防冻，高纬度地区需要防冻。按照省份来说，全国前十大产煤省份除贵州外，山西、内蒙古、陕西、河南、山东、安徽、黑龙江、河北和宁夏的井工煤矿均需要采取井筒防冻措施。从数量上看，防冻地区的煤矿在我国煤矿总数中的占比为46.86%。2016年，我国煤炭产量为33.64×10⁸t，从产量上看，处于防冻地区的煤矿产量占比超过99%。

4.4.2　现有井筒保暖技术

4.4.2.1　热泵技术

热泵技术利用循环介质的相变过程从低温环境吸收热量，然后通过换热器向外输出热量，用于井筒防冻，热泵加热流程示意图如图4-9所示。其主要设备包括压缩机、冷凝器、节流装置、蒸发器等。一般选择温度相对较高且稳定的低温热源作为热泵输入热源。实际应用中，一般根据低温热源的不同使用水源热泵、乏风热泵和空气源热泵。

（1）水源热泵利用矿井水等20~40℃的低温水作热源，通过热泵吸收低温水热量生产70~80℃的热水，用于井筒防冻及建筑物供暖。由于水温相对较高且稳定，水源热泵能效比一般大于3.5，具有耗电少、效率高的优点。阜山金矿将水源热泵用于井筒防冻，其制热量1847.6kW，制热电功率426kW，能效比3.66。

（2）乏风热泵利用矿井回风作低温热源。矿井回风含水量大，冬季也约在20℃，从中吸收低温热量可使热泵能效比保持在3.0以上。乏风热泵可以高效、

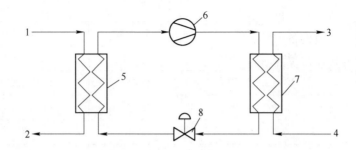

图 4-9 热泵加热流程示意图

1—外界低温热源进口；2—外界低温热源出口；3—供热热水出口；4—供热热水进口；
5—蒸发器；6—压缩机；7—冷凝器；8—节流装置

经济地从回风取热，可采用循环水喷淋取热或利用中间介质与回风通过换热器换热为热泵提供低温热量。喷淋取热没有换热器，投资较小，但循环水与回风直接接触易被污染，影响热泵使用寿命，且回风温度偏低时影响取热量。利用中间介质与回风通过换热器取热，增加了换热设备，但不存在介质污染问题，且回风在取热后温度能降至霜点以下，回风温度较低时也可取出较多低温热量，适应性更强。

（3）空气源热泵直接将环境作低温热源，其蒸发器置于环境中，但环境温度较低时空气源热泵能效比不高，且蒸发器易结霜，影响换热效果，需要增设除霜系统。空气源热泵可在初冬或初春使用，此时环境温度较高，井筒防冻负荷较低，可使用空气源热泵供热；当温度降到-10℃以下时，空气源热泵制热效率降低，同时井筒防冻负荷增加，使用空气源热泵经济性降低。因此，空气源热泵主要作为其他供热方式的补充，若使用需配套电加热设备，以保障供热稳定。

4.4.2.2 瓦斯蓄热氧化技术

瓦斯蓄热氧化技术利用蓄热式热氧化装置，使排空低浓度瓦斯连续发生氧化反应放热可用于井筒防冻。蓄热氧化装置主要由换向阀门、氧化反应室、启动燃烧器等组成，装置中装填有硅土或陶瓷等蓄热材料。蓄热氧化产生的高温气体通过换热器加热冷风为井筒防冻提供热量。该技术的特点是可利用排空低浓度瓦斯供热，减少 CH_4 排放，节约传统燃料。瓦斯蓄热氧化装置原理示意图如图 4-10 所示。

瓦斯蓄热氧化技术需要将排空低浓度瓦斯与空气或乏风瓦斯混配，将瓦斯中的 CH_4 体积百分数降到 1.2% 以下。低浓度瓦斯优先与乏风瓦斯掺混，可有效利用乏风中的瓦斯，然后再与空气掺混。若掺混过程中冷空气太多，将导致低浓度瓦斯中的水在管道设备中发生结冰堵塞。实际应用中可采用烟气回热方式避免结冰堵塞，该方式还可提高蓄热氧化装置的热能利用率。

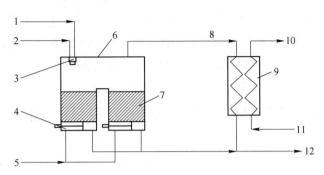

图 4-10　瓦斯蓄热氧化装置原理示意图

1—柴油；2—助燃空气；3—启动燃烧器；4—换向阀门；5—掺混瓦斯；6—氧化反应室；
7—蓄热材料；8—高温气体；9—换热器；10—热风去井筒；11—冷风来自环境；12—尾气排出

4.4.2.3　电能直接加热

电能直接加热包括红外线辐射加热技术、量子能供热技术等。

（1）红外线辐射加热技术是利用辐射器发出的红外线对新风以辐射方式进行加热，可在 1s 内迅速将冷空气加热到 100℃以上，主要设备是密闭红外辐射管的热风炉，操作简单，启动迅速。红外线辐射加热完全依靠电能转换为热能，其热效率高于 90%，与传统燃煤热风炉相比具有很大优势，但运行费用高，能效比低于热泵加热、蓄热氧化、余热利用等技术，并且没有减碳效果。

（2）量子能供热技术是通过电能提供热量，利用中间介质蓄热以配合电加热的供热方式。该技术使用量子液作中间介质，即使停电，30min 内也可提供热量，不受环境温度影响，温度可调范围为 0~90℃。与热泵等加热技术相比，其能耗偏高。在实际运用中，该技术和空气源热泵组合，在 -20~40℃环境下都可以正常运行，应用灵活。

4.4.3　井口保暖自动控制技术

在换热供暖、防冻保温运行中，所用的自动控制技术为模糊控制技术，人们运用模糊控制技术，通过对 9 个换热模块进行自动控制，并以每 3 个模块为 1 套加热组。当乏风进入换热器后，换热模块就会在自动控制系统的管控下，对乏风进行 3 次换热，高效提取其中的热能，再将失去热能的风排放到大气中，这在一定程度上，减少了废热为环境带来的影响。在此过程中，人们在井口设置了热源为矿井水的暖风机，与换热供暖系统相互配合，在模糊控制技术的应用下，先借助乏风余热，对井筒进行防冻处理。当温度过低，乏风温度不足以起到防冻作用时，再开启暖风机，以满足井筒防冻需求，消除冬季条件下井筒的供暖能耗，达到节能效果，实现节能环保领域内自动控制技术的应用。

4.5 风井乏风余热换热供暖和井筒防冻保温系统使用说明

4.5.1 开机操作

系统开机操作如下：

（1）检查并确保扇风机处于运行状态，且运行平稳。

（2）检查风风换热器输风通道是否畅通，确保无异物堵塞，副井口的换热新风出风口是否畅通，出风口前不得有杂物阻挡。

（3）检查风风换热器输风通道外保温层是否完好，确保无脱落、损毁。

（4）检查轴流风机电控系统是否完好，变频器是否正常运行，各电器元件是否动作灵敏、可靠。

（5）检查暖风机出风口是否畅通，确保无异物堵塞。

（6）开机前检查暖风机过滤器是否畅通、无堵塞。

（7）开机前检查暖风机各阀门是否灵活、可靠，热源水是否已开启循环，严禁无热源水时开启风机。

（8）启动轴流风机后，观察风机运行情况，确保无异响、无跑风。

（9）开机后观察副井口出风口风量情况是否正常，送风温度会逐步提高。

（10）开机后，观察风风换热器运行情况，有无异响、振动，确保无漏风、漏水情况发生。

4.5.2 维护保养

设备日常及定期保养内容和标准如下：

（1）日常保养内容和标准。

1）设备表面整洁、无油污，各部位不漏油，设备周围环境保持整洁。

2）做好各设备运行记录并存档。

3）严禁设备超负荷运行，按照设备操作要求安全运行。

4）检查各压力表是否在正常范围、有无异常，检查各部件紧固情况，确保设备安全运行。

5）检查各管路是否有渗漏和阀门闭合情况。

6）检查设备温度、压力，检测探头连接处有无松动。

7）定时检查设备显示面板各数据是否在正常范围，检查水温、压力有无异常。

8）检查机组有无异响、振动，检查轴承和电机温度是否正常。

9）定期检查备用设备电路、管路是否能正常工作。

10）检查配电室各控制柜柜门是否闭合，电压、电流是否在正常范围，指示灯是否正常工作，有无异常气味。

（2）定期保养内容与标准。

1）定期清理各设备管路过滤网，防止管路堵塞，影响设备运行。

2）定期加注润滑脂，防止设备磨损严重，确保设备安全运行。

3）定期保养设备，保证机组随时保持在可良好运行状态。

4.6 使用效果

在风井乏风余热换热器供暖和井筒防冻保温系统中，分别在8：00和23：00对副井口温度进行了测量，监测明细见表4-7，副井口温度变化曲线如图4-11所示。

表4-7 副井口温度监测明细

日期	地点	上午时间	温度/℃	晚间时间	温度/℃
2019 年 11 月 2 日	副井口	8：30	12	23：00	13
2019 年 11 月 16 日	副井口	7：56	11	23：00	13
2019 年 11 月 28 日	副井口	8：00	9	23：00	12
2019 年 12 月 2 日	副井口	8：05	7	23：02	11
2019 年 12 月 14 日	副井口	8：12	11	23：08	12
2019 年 12 月 23 日	副井口	8：03	10	23：05	11

日期	地点	上午时间	温度/℃	晚间时间	温度/℃
2020 年 1 月 10 日	副井口	8：00	9	23：07	9
2020 年 1 月 10 日	副井口	8：05	8	23：07	10
2020 年 1 月 21 日	副井口	8：05	9	23：00	10
2020 年 2 月 4 日	副井口	8：00	8	22：55	8
2020 年 2 月 11 日	副井口	8：00	8	22：55	9
2020 年 2 月 20 日	副井口	8：01	9	22：58	9
2020 年 3 月 6 日	副井口	8：00	8	23：03	10
2020 年 3 月 15 日	副井口	8：00	9	23：03	10
2020 年 3 月 21 日	副井口	9：00	10	22：59	11

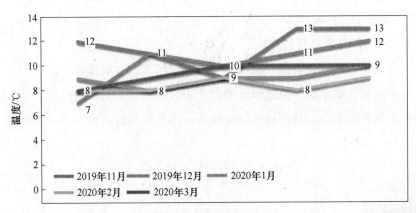

图 4-11　副井口温度变化曲线

图 4-11 彩图

5 空气压缩机节能改造及余热利用洗浴技术

压缩空气是工业领域中应用最广泛的动力源之一，其最大优点是能够利用取之不尽，用之不竭的空气作原料。空气压缩机（简称空压机）在运行时消耗的电能中，真正用于增加空气势能的仅占总耗电量的15%，而其余大部分电能都转化为热量，排放到了空气中。如果能将这些排放到空气中的热能进行回收，再作为能源进行循环利用，不仅能达到节约能源、有效缩减成本的目的，还能够起到降低环境污染的效果，具有十分重大的经济和社会意义。

5.1 空气压缩机余热利用基础理论

5.1.1 空气压缩机余热利用的理论可行性

空气压缩过程中，空气的热力学参数会发生变化。理论上存在两种极限压缩过程：一种过程进行速度极快，压缩机散热较少，气体与外界的换热可以忽略不计，该压缩过程可视为绝热过程；另一种过程进行得十分缓慢，且压缩机散热条件良好，压缩过程中气体的温度始终保持与初始状态温度相同，可将该过程视为定温压缩过程。在实际的空气压缩过程中，以上两种极限过程均不可能实现，实际的压缩过程通常在上述两者之间，压缩过程中有热量传出，空气温度也有所上升，是介于两种极限过程之间的多变过程。

上述 3 种情况下，空压机的理论功耗是不同的，空气的压缩过程包括空气的流入、压缩和输出，所以空压机功耗应以技术功计，对于单位质量的工质，即：

$$w_c = -w_t \tag{5-1}$$

式中　w_c——空压机功耗，kW；

　　　w_t——气体可逆过程技术功，kW；

根据理想气体热力过程计算的一般方法，将空气看作定值比热容理想气体，可得到上述 3 种情况下的理论功耗：

(1) 可逆绝热压缩。

$$w_{c,s} = -w_{t,s} = \frac{\kappa}{\kappa-1}(P_2 v_2 - P_1 v_1) = \frac{\kappa}{\kappa-1}R_g T_1 \left[\left(\frac{P_2}{P_1}\right)^{\frac{\kappa-1}{\kappa}} - 1\right] \tag{5-2}$$

式中　$w_{c,s}$——可逆绝热压缩情况空压机功耗，kW；

　　　$w_{t,s}$——可逆绝热压缩情况气体可逆过程技术功，kW；

　　　κ——定熵指数。

(2) 可逆定温压缩。

$$w_{c,T} = -w_{t,T} = -R_g T_1 \ln\frac{v_2}{v_1} = R_g T_1 \ln\frac{P_2}{P_1} \tag{5-3}$$

式中　$w_{c,T}$——可逆定温压缩情况空压机功耗，kW；

　　　$w_{t,T}$——可逆定温压缩情况气体可逆过程技术功，kW。

(3) 可逆多变压缩。

$$w_{c,n} = -w_{t,n} = \frac{n}{n-1}(P_2 v_2 - P_1 v_1) = \frac{n}{n-1}R_g T_1 \left[\left(\frac{P_2}{P_1}\right)^{\frac{n-1}{n}} - 1\right] \tag{5-4}$$

式中　$w_{c,n}$——可逆多变压缩情况空压机功耗，kW；

　　　$w_{t,n}$——可逆多变压缩情况气体可逆过程技术功，kW；

　　　T_1——初始状态温度，℃；

　　　P_1——初始状态压强，Pa；

　　　P_2——终止状态压强，Pa；

　　　v_1——初始状态体积，m³；

　　　v_2——终止状态体积，m³；

　　　R_g——空气气体常数，J/(kg·K)；

　　　n——多变指数；

根据上述各式，可以看出：

$$w_{c,s} > w_{c,n} > w_{c,T}$$
$$T_{2,s} > T_{2,n} > T_{2,T} \tag{5-5}$$
$$v_{2,s} > v_{2,n} > v_{2,T}$$

式中　$T_{2,s}$——可逆绝热压缩情况终止状态温度，℃；

$T_{2,n}$——可逆绝热压缩情况终止状态温度,℃;

$T_{2,T}$——可逆绝热压缩情况终止状态温度,℃;

$v_{2,s}$——可逆绝热压缩情况终止状态体积, m^3;

$v_{2,n}$——可逆绝热压缩情况终止状态体积, m^3;

$v_{2,T}$——可逆绝热压缩情况终止状态体积, m^3。

将一定量的空气从相同的初始状态压缩到相同的终止状态,绝热压缩所消耗的功最多,定温压缩最少,而多变压缩介于两者之间,并随多变指数 n 的减小而减少。同时,绝热压缩后气体的温度升高较多,这对空压机的安全运行是不利的。此外,绝热压缩后气体体积较大,需要体积较大的储气筒,这也是不利的。因此,目前各空压机厂家将研究重点都放在如何减少实际压缩过程中的多变指数 n,尽量使空气压缩过程更接近于定温过程。

但是,由于理想气体的热力学能和焓都只是温度的函数,故定温过程也即是定热力学能过程和定焓过程,则根据热力学第一定律,定温压缩过程中消耗的压缩功会全部转变为放热量。即:

$$w_c = -w_t = q \tag{5-6}$$

在实际压缩过程中,空压机在工作过程中所耗电能转变成热能的比例也是相当高的,空压机在工作过程中所耗电能转变成热量后,大部分被压缩后的油气混合物带走。这些油气混合物经过分离,分别在各自的冷却器中被水或空气等介质带走。除去2%的热辐射损失热量、4%的压缩气体带走热量以及9%的电机带走热量不能回收或回收难度较大外,剩余85%的热量均可通过一定措施进行回收。

5.1.2 空气压缩机余热利用技术分类

空压机余热品位较高,排热量相对稳定,近年来已得到广泛研究。目前空压机余热回收技术可分为空压机余热直接利用技术和空压机余热间接利用技术,不同技术形式的应用场合、供能对象及存在的问题都不同。

5.1.2.1 空压机余热直接利用技术

(1)空压机热风直接利用技术。风冷空压机冷却排风通常经风管排至室外,排风温度较进风温度高10~15℃,通常采用热风直接利用技术对余热进行回收,即将冷却热风直接送至需加热的场所,如冬季有采暖需求的室内或有防冻需求的井口房、常年需除湿的吊篮空间。该方式投资小、施工简单、余热回收效率高。

（2）空压机热水直接利用技术。热水直接利用技术将水冷空压机吸热后的冷却水直接送至用热设备。受空压机性能的制约，冷却水进口温度不宜高于33℃，出水温度应低于40℃。若冷却水出水温度过高，将影响空压机的正常工作，甚至会导致停机故障的发生。因此，采用此技术时，产生的冷却水仅能用于低温用热场所。此技术将空压机冷却水直接引入供热系统，因冷却水水质较差且易受污染，在实际生产中采用较少。

5.1.2.2　空压机余热间接利用技术

空压机余热间接利用技术通过在原有冷却系统中增加换热器、水泵、温控阀等设备，将高温润滑油管路和压缩空气管路接入换热器，利用水与高温油、气的换热来实现余热回收利用的目的。此技术采用外置换热器换热，不需受空压机性能的制约，换热器的进水温度可以适当降低，一般可以直接利用自然水源，供水温度可高于55℃。由此看出，采用间接利用技术可使空压机余热得到更广泛应用。空压机余热间接利用技术的板式换热器换热系统又分为一级换热系统和二级换热系统。

（1）一级换热系统。一级换热系统由换热器、储水箱和水泵组成。高温润滑油在换热器中与冷水换热，将冷水加热至一定温度后由水泵将热水送至储水箱，供矿区生活、生产使用。

（2）二级换热系统。为彻底解决水结垢问题，两级换热技术被提出和应用。其中，一级换热为油-水换热，采用软化水与高温润滑油进行热量交换；二级换热为水-水换热，被润滑油加热后的软化水与自来水进行二次换热，得到一定温度的热水供生产、生活使用。二级换热系统示意图如图 5-1 所示，空压机余热利用技术的不同利用方式对比见表 5-1。

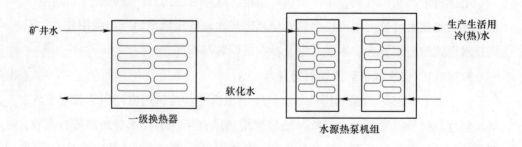

图 5-1　二级换热系统示意图

表 5-1 空压机余热利用技术的不同余热利用方式对比

余热利用方式		优 点	缺 点
直接利用	热风直接利用	建设或改造简单，投资小；余热利用效率高，通常高于90%	应用场合有限，一般仅能用于井筒防冻，且体量较小
	热水直接利用	建设或改造简单，投资小；投资回收期通常为1年	水温低，仅能用于低温采暖和洗浴水加热；水质差且易受污染
间接利用	板式换热器换热 — 一级换热	系统简单；换热效率高，约75%	换热器易结垢，需添加水处理设备
	板式换热器换热 — 二级换热	可回收空压机轴功率的70%；彻底解决结垢影响油散热的问题	二级换热器易结垢，延长热水制备时间
	热泵提热	可有效提高供热能力，能源利用率高	初投资较高，投资回收期约2年

5.1.3 基于ORC空气压缩机余热利用

有机朗肯循环（Organic Rankine Cycle，ORC）是高效回收低品质热源最广泛的技术，其效率高低的关键是低沸点的工质和高效膨胀机的选择。ORC系统使用制冷剂或挥发性有机液体代替水作工质，有机工质沸点比水低，使从低温废热源中回收能量成为可能。利用余热的技术原理多种多样，与卡琳娜循环、侧闪循环、超临界CO_2循环、布雷顿循环、斯特林循环相比，ORC具有灵活、安全性高、维护要求低和热性能良好等优点，适合用于空压机余热的回收。在空压机余热回收方面也有大量基于有机朗肯技术的应用，如发电、制冷等。

（1）基于ORC余热发电。传统空压机的排气温度为80~120℃，属于低品质热源（<230℃）。基于有机朗肯循环原理的余热利用是低品质热源利用的有效方式，以热发电是指采用有机朗肯循环将低品质热能转换为发电（见图5-2）。在空压机余热回收利用的过程中，ORC系统的回收效率取决于工质的热力学性质及系统配置条件，如热源、散热器和循环效果。

（2）基于ORC余热制冷。压缩热制冷指采用低品质热源作驱动，天然工质作制冷剂，通过一种物质对另一种物质的吸收和释放引起物质状态的改变，并同时产生吸热和放热的循环流程。典型的以热制冷系统的部件组成主要包括：发生器、冷凝器、蒸发器、吸收器、循环泵、节流阀等；工作介质的流动循环过程，

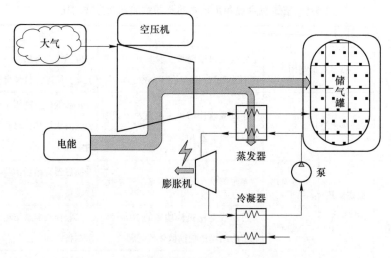

图 5-2　空压机余热发电原理示意图

包括制冷剂和吸收剂，二者相互配合能实现冷量的制取和制冷剂的还原，以制备工业所需冷量，如冷却水或冷冻水（见图 5-3）。

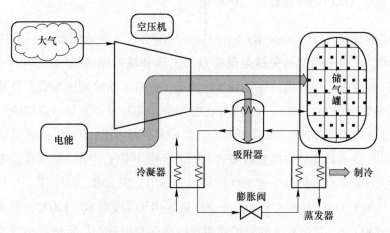

图 5-3　空压机余热制冷原理示意图

5.2　空气压缩机及换热器分类

5.2.1　空气压缩机分类

　　空压机广泛应用在电子、工业、农业、交通运输、国防、日常生活等各领域，主要用于输送气体和传递能量。空压机的分类很多，按照工作原理分为容积式空压机（利用可变容积来提高气体压力）和速度式空压机（将气体的动能转化为压力能）。容积式和速度式空压机根据结构形式的不同，又进行（见图5-4）以下分类。常见的螺杆式空压机分类如图5-5所示。

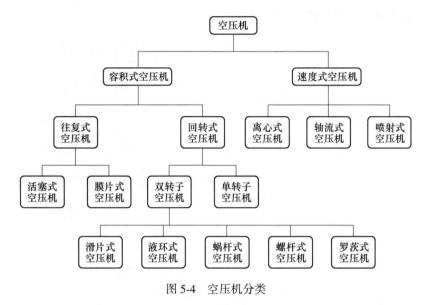

图 5-4 空压机分类

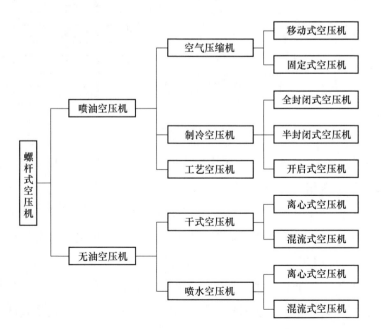

图 5-5 常见的螺杆式空压机分类

5.2.2 换热器分类

换热器是各类工业生产部门常见的热工设备，广泛应用于化工、能源、制冷、空调等各领域。各种换热器的结构、作用、工作原理及工作流体的种类、数量等有很大区别，换热器分类如图 5-6 所示。

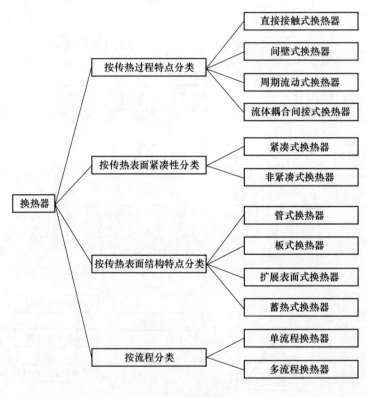

图 5-6 换热器分类

（1）直接接触式换热器。直接接触式换热器（见图 5-7）是利用冷、热两种流体直接接触，在相互混合的过程中进行换热。一般情况下，这种换热器中的工作流体一种是汽化压力较低的液体，另一种是气体。这类换热器又称混合式换热器，仅适用于工艺上允许两种流体混合且换热后两种流体又易于分开的场合。例如，在直接蒸发冷却器中，冷水和空气在直接接触过程中发生热质传递，达到冷却空气的目的。为了增加两种流体的接触面积以达到充分换热，在直接接触式换热器中常放置填料和栅板，有时也可把液体喷成细液滴。直接接触式换热器具有传热效率高、单位体积提供的传热面积大、设备结构简单等优点。

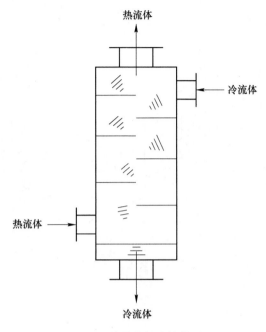

图 5-7 直接接触式换热器

（2）间壁式换热器。间壁式换热器也称表面式换热器，在这种换热器内部，冷、热流体被一个固体壁面隔开，通过固体壁面传热。间壁式换热器的间壁主要由管和板构成，管和板上常带有各种翅片以增加传热面积。间壁式换热器种类丰富，常用的有管壳式换热器、套管式换热器、板翅式换热器及管翅式换热器等（见图 5-8 和图 5-9）。

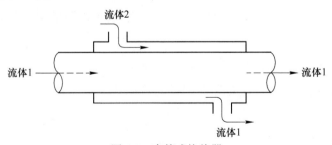

图 5-8 套管式换热器

（3）周期流动式换热器。周期流动式换热器也称蓄热式换热器。在工作过程中，该换热器的蓄热体先与热流体接触一定时间，从热流体中吸收热量，然后再与冷流体接触一定时间，把热量释放给冷流体，如此反复交替地与热流体和冷流体接触，达到换热目的。周期流动式换热器有旋转型和阀门切换型两种。

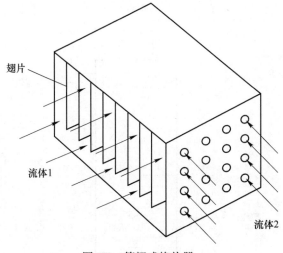

图 5-9　管翅式换热器

5. 2. 3　板式换热器的优点

板式换热器与其他类型换热器相比，主要有以下优点：

（1）换热效率高。传热板片很薄，在等热荷条件下，板式换热器比管壳式换热器传热系数高，所以传热温差低，很适合回收低品位能热量。

（2）占地面积小。可实现完全或接近于理想的逆流换热，因而有效传热温差较大。根据传热公式可知其换热面积较小，因此板式换热器的体积也小，占地面积小。

（3）安装灵活多变。板式换热器是由多个形状相同的单独换热板片组成，故能通过增加或减少换热板片数量来调节传热系数、增减热负荷，以满足各种换热要求，故适用于因季节变动而必须改变热负荷的生活、生产中。

（4）价格便宜。板式换热器在同样的热荷载与材质条件下，要比其他换热器价格便宜。有时甚至在相同热荷载条件下，不锈钢的板式换热器比碳钢的其他式换热器更便宜。

（5）可适用于多种换热需求。因为板式换热器是多流程换热，且各板间流道相互独立。

（6）原材料便宜。换热板片是由金属薄片压制而成，不需要焊接等热加工，因此对换热器的物理性能要求比其他换热器低，可以采用热加工性能较不好的低价材料制造板式换热器。

（7）由于流动通道截面积很小，在等流量条件下，板式换热器的流速很大，极易形成湍流，流体（换热介质）也几乎不会滞留在换热器内，故而不容易形成污垢，对水质的要求比其他换热器低。

（8）更换和清洗方便。板式换热器是通过带有凹槽的相同板片叠加而成，可拆开清洗或更换板片。

5.2.4 板式换热器的热工作性能

广义上，板式换热器的热工作性能含义很广，包括：传热性能、阻力性能、机械性能及经济性能。板式换热器的热工作的传热性能包括温度效率，换热效率、传热系数、传热单元数等，强调的是传热的强化。各自计算如下：

（1）热、冷流体各自的温度效率。

$$R_A = \frac{热流体温降}{两流体进口温度差} \tag{5-7}$$

$$E_A = \frac{冷流体温升}{两流体进口温度差} \tag{5-8}$$

式中 R_A——热流体温度效率；

E_A——冷流体温度效率。

（2）换热效率（即有效度）。

$$\varepsilon = \frac{Q}{Q_{max}} \tag{5-9}$$

式中 Q——实际换热量，W；

Q_{max}——理想最大换热量，W。

（3）传热系数。

$$k = \frac{1}{\sum\limits_{a=1}^{n} \frac{1}{h_a} + \sum\limits_{b=1}^{m} \frac{\delta_b}{\lambda_b}} \tag{5-10}$$

式中 h_a——a 表面即质量比热容小的流体的对流换热系数，$W/(m^2 \cdot ℃)$；

δ_b——b 板式换热器单板片的厚度，m；

λ_b——b 单板片的板片导热系数，这里忽略换热器因运行时间过长而形成的污垢热阻，$W/(m \cdot ℃)$。

（4）传热单元数。

$$(NTU)_1 = \frac{kA}{C_1}$$

或 $$(NTU)_2 = \frac{kA}{C_2} \qquad (5-11)$$

式中　　C_1，C_2——分别为热、冷流体的热容量；

$(NTU)_1$，$(NTU)_2$——分别为热、冷流体情况下传热单元数；

A——散热器总换热面积，m^2。

5.3　榆树井煤矿应用案例

5.3.1　空气压缩机运行工况运行状态

矿井原有螺杆式空气压缩机 3 台，型号为 GS250-8W（250kW），长时间使用使设备老化严重，供风效率低下，为满足矿井供风需求，需 3 台空气压缩机同时运行。采用 1 台 560kW 高效离心式空气压缩机代替原有 3 台螺杆式空气压缩机，空气压缩机比功率下降 4.76kW/（$m^3 \cdot min^{-1}$），节能降耗。3 台螺杆式空气压缩机作备用机，可根据井下风量需求，将空气压缩机灵活搭配。

（1）榆树井煤矿 1 号空压机运行工况见表 5-2，运行曲线如图 5-10 所示，运行曲线分析见表 5-3。

表 5-2　1 号空压机运行工况

实　测　数　据							
贸易累积流量	923.11	m^3（标态）	耗电量	126.72	kW·h	单位耗能[①]	0.1373	kW·h·m^{-3}（标态）
开始时间	2018 年 5 月 9 日 16：41：41		结束时间	2018 年 5 月 9 日 17：11：05		测试时长	1764s
项目	FAD 瞬时流量/$m^3 \cdot min^{-1}$		功率/kW		排气压力/MPa	比功率[②]/kW·（$m^3 \cdot min^{-1}$）$^{-1}$	
最大值	34.78		265.1		0.61	7.918	
最小值	33.22		240		0.57	6.949	

状态	时间/s	比率/%	电量/kW·h	比率/%	状态	电量/kW·h	电费/元
加载	1764.00	100.0	126.7	100.0	峰时	0	0
空载	0	0	0	0	平时	126.7	126.720
停机	0	0	0	0	谷时	0	0
总计	1764.00	—	126.7	—	总计	126.7	126.720

注：FAD（free air delivery）表示空压机单位时间内吸入自由空气的流量。

①为耗电量除以贸易累积流量；

②为功率除以 FAD 瞬时流量。

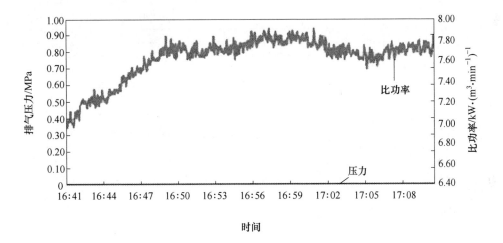

图 5-10　1 号空压机运行曲线

表 5-3　1 号空压机运行曲线分析

项目	FAD 瞬时流量 /m³·min⁻¹	功率/kW	压力/MPa	比功率 /kW·(m³·min⁻¹)⁻¹
最大值	34.78	265.10	0	7.918
最小值	33.22	240.00	0	6.949

（2）榆树井煤矿 2 号空压机运行工况见表 5-4，运行曲线如图 5-11 所示，运行曲线分析见表 5-5。

表 5-4　2 号空压机运行工况

累积流量	1026.04	m³ （标态）	耗电量	121.74	kW·h	单位耗能	0.1187	kW·h·m⁻³ （标态）
开始时间	2018 年 5 月 9 日 15：56：12		结束时间	2018 年 5 月 9 日 16：27：46		测试时长	1894s	

项目	FAD 瞬时流量/m³·min⁻¹	功率/kW	排气压力/MPa	比功率 /kW·(m³·min⁻¹)⁻¹
最大值	35.22	244.1	0.61	7.253
最小值	33.24	211	0.57	6.011

状态	时间/s	比率/%	电量/kW·h	比率/%	状态	电量/kW·h	电费/元
加载	1894.00	100.0	121.7	100.0	峰时	0	0
空载	0	0	0	0	平时	121.7	121.740
停机	0	0	0	0	谷时	0	0
总计	1894.00	—	121.7	—	总计	121.7	121.740

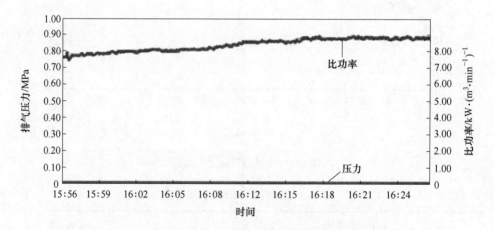

图 5-11　2 号空压机运行曲线

表 5-5　2 号空压机运行曲线分析

项目	FAD 瞬时流量 /m³·min⁻¹	功率/kW	压力/MPa	比功率 /kW·(m³·min⁻¹)⁻¹
最大值	35.22	244.10	0.00	7.253
最小值	33 24	211 00	0 00	6 011
平均值	34.15	231.59	0.00	6.780

（3）榆树井煤矿 3 号空压机运行工况见表 5-6，运行曲线如图 5-12 所示，运行曲线分析见表 5-7。

表 5-6　3 号空压机运行工况

实 测 数 据							
累积流量	980.6	m³（标态）	耗电量	174.72	kW·h	单位耗能	0.1782	kW·h·m⁻³（标态）
开始时间	2018 年 5 月 8 日 16：36：41		结束时间	2018 年 5 月 8 日 17：26：28		测试时长	2987s
项目	FAD 瞬时流量 /m³·min⁻¹		功率/kW		排气压力 /MPa	比功率 /kW·(m³·min⁻¹)⁻¹	
最大值	33.68		244.2		0.60	11.432	
最小值	17.46		199.3		0.56	7.236	
状态	时间/s	比率/%	电量/kW·h	比率/%	状态	电量/kW·h	电费/元
加载	2986.00	100.0	174.7	100.0	峰时	0	0
空载	0	0	0	0	平时	174.7	174.720
停机	0	0	0	0	谷时	0	0
总计	2986.00	—	174.7	—	总计	174.7	174.720

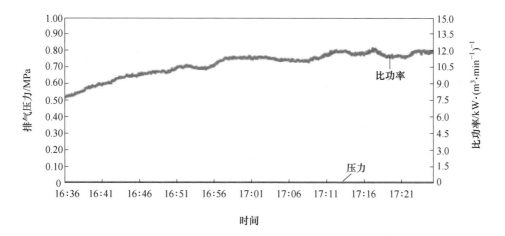

图 5-12　3 号空压机运行曲线

表 5-7　3 号空压机运行曲线分析

项目	FAD 瞬时流量 /m³ · min⁻¹	功率/kW	压力/MPa	比功率 /kW · (m³ · min⁻¹)⁻¹
最大值	33.68	244.20	0	11.432
最小值	17.46	199.30	0	7.236
平均值	21.37	210.72	0	9.860

高效离心式空气压缩机出风压力满足现有系统需求，不得低于 0.7MPa，电压等级 10kV。压风机配备自动化控制系统并能无缝接入矿井自动化平台，实现远程监控；控制系统主机配备 UPS 不间断电源，防止停电损坏主机。

5.3.2　离心式空气压缩机优点

离心式空气压缩机的气体由吸气室吸入后，由叶轮带动气体进行高速旋转，使气体产生离心力，气体在叶轮里进行扩压流动，通过叶轮后的气体流速、压力、温度都得到提高。离心式空气压缩机内部弯道和回流器主要起导向作用，使气体流入下一级继续压缩，最后由末级出来的高压气体经涡室和出气管输出。

离心式空气压缩机的结构较为复杂，核心部件是转子与定子。如图 5-13 所示，离心式空气压缩机系统原理示意图如图 5-14 所示。转子是空压机的做功部件，通过旋转对气体做功，使气体获得压力能和速度能。转子主要由主轴、叶轮、平衡盘、推力盘和定距套等部件组成。定子是压缩机的关键部件，由气缸和各种隔板、轴承等组成。各品牌的空气压缩机结构有少许不同，但大致都由以下 7 个部分组成：

（1）空压机构部分：由气缸、活塞、进排气阀等部件组成。气缸体、气缸盖上各有 4 个气门，2 进 2 排。

（2）传动机构部分：由皮带轮、曲轴、连杆、十字头等部件组成，电动机传来的旋转运动通过传动机构进行往复直线运动。

（3）密封部分：借助拉伸弹簧的预紧力与气体压力将密封圈和活塞杆抱合作用，实现一级与二级气缸密封。

（4）润滑系统部分：传动机构需要润滑，由油泵、过滤器、滤油器、压力表组成。

（5）冷却部分：由冷却水管、中间冷却器、后冷却器组成。冷却水由进水

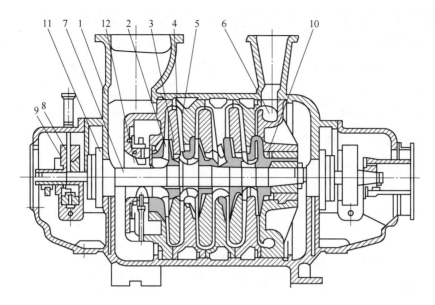

图 5-13 离心式空气压缩机内部结构

1—机体；2—叶轮；3—扩压器；4—弯道；5—回流器；6—蜗壳；7—主轴；
8—轴承；9—推力轴承；10—密封；11—轴封；12—进口导流装置

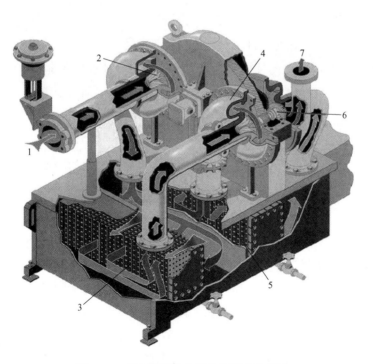

图 5-14 离心压缩机空气系统原理示意图

1—入口阀；2——级叶轮；3——级中冷器；4—蜗壳；5—二级中冷器；6—三级叶轮；7—出口管道

总管进入中间冷却器冷却，排出后冷却水分别进入一、二级气缸水腔内。

（6）减荷阀和压力控制系统：用于控制压缩机，使排气压力维持在设定范围内。当储气罐中压力超过规定值时停止进气，进入无负荷运转，以减少功率消耗。

（7）安全保护部分：由安全阀和电器保护组成。当排气压力超过规定值时，安全阀自动打开使气体排出。一级安全阀开启压力为 0.24~0.30MPa。

离心式空气压缩机优点：

（1）流量大、功率大、利于节能。气体连续不断地流经叶轮，叶轮由轴带动能够高速旋转，故气体流量和功率大大增加。另外，离心式空气压缩机排气均匀，气流无脉冲。

（2）结构紧凑、密封效果好、泄漏现象少。因而机组占地面积及重量都比同一流量的活塞式空气压缩机小得多。

（3）运转平稳，操作可靠。离心式空气压缩机运转率高，性能曲线比较平坦，操作范围广，维护人员少，维护费用低，一般可以连续 1~3 年不需要停机检修。

（4）压缩气体品质高，不含油。离心式空气压缩机不需要润滑，压缩过程可以做到绝对无油，这对于许多对气体品质要求高的生产是非常重要的。

（5）制造费用相对低且可靠性高。离心式空气压缩机易损件少，运转周期长，运动零件少且简单，制造精度低，易于实现自动化和大型化。

5.3.3　空气压缩机节能改造及余热利用洗浴技术原理

空气压缩机在运行中，真正用于增加空气势能所消耗的电能，在总耗电量中只占约 15%，大部分由电能转化为热量，可利用的热量折合压缩机的轴功率约为 60%。

空气压缩机余热利用洗浴技术原理：空气压缩机余热分为两部分，一部分为空气压缩机机油余热，另一部分为压缩空气余热，洗浴水可分别通过空气压缩机机油和压缩空气两级余热进行加热。一部分洗浴冷水通过变频水泵送至前级板式换热器，洗浴冷水与空气压缩机机油进行热交换，加热后的洗浴水通过水泵送至洗浴水集水池；一部分洗浴冷水通过变频水泵送至后级板式换热器，洗浴冷水与压缩空气进行热交换，加热后的洗浴水通过水泵送至洗浴水集水池（见图 5-15）。

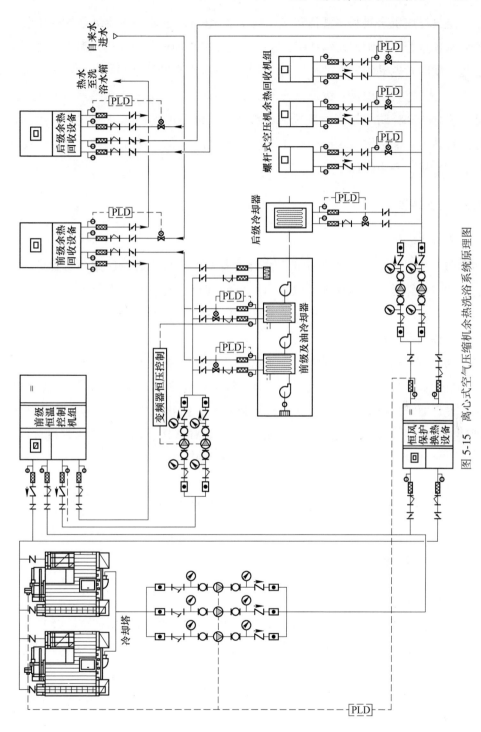

图 5-15 离心式空气压缩机余热热洗浴系统原理图

空气压缩机余热利用洗浴系统采用 PLC 全自动控制，前后级余热利用装置洗浴水进水管道分别安设电动阀，根据空气压缩机油温、压缩空气温度及洗浴水温度，实时对电动阀开度进行控制，实现系统的全自动控制。

离心式空气压缩机一级余热采用冷却水提热模式，并实现包括油冷器在内的闭式循环冷却，防止结垢对系统造成损坏。二级采用气-水换热模式，采用循环模式提热，以保护空气压缩机运行安全。设有完整的空气过滤系统和高效降噪设施，防止机房噪声超标。

5.3.4 安装步骤

安装步骤如下：

（1）安装离心式空气压缩机和水冷冷却塔，连接水管道、循环水管道、原有冷却水池管道，连接压缩空气出口和原储气罐。安装前后级余热洗浴利用机组，前后级冷却塔降温机组和各循环泵，连接管道，安装配电及控制柜，安装远程监测控制系统及软件。

（2）对空气压缩机节能改造及余热利用洗浴系统进行调试，对离心式空气压缩机运行状态进行监测，风压、风量均符合设计要求，测试高温及停水保护，符合设计要求。检测前后级余热洗浴利用机组，前级洗浴出水温度41℃，后级洗浴出水温度52℃，洗浴水温度可调，符合设计要求，澡堂洗浴水温度40℃，符合设计要求。调试远程监测控制系统，确保监测控制正常。

5.4 空气压缩机节能改造及余热利用洗浴系统使用说明

5.4.1 开机操作

开机操作过程如下：

（1）开机前，检查空气压缩机油位、油温是否正常，油温不得高于50℃。

（2）检查并确保冷却塔水路畅通，各阀门完好，处于打开状态，冷却水池内冷却水充足，无外溢。

（3）检查并确保储气罐、压力管道完好，压力表指示正常，各部件无漏气、漏水情况。

（4）检查并确保控制柜完好，各电器元件动作灵敏、可靠，显示屏显示正常。

（5）检查余热换热洗浴前后机组是否正常，确保洗浴水进水阀门打开，压力约 1.0MPa，不得过高或过低。

（6）确保余热换热洗浴前后机组板式换热器阀门打开，无渗漏现象，洗浴水回水阀门打开，使用正常。

（7）确保各循环水泵正常运转，无漏水、堵塞、异响等情况，洗浴进水储水箱正常。

（8）开启离心式空气压缩机，检查设备电压、电流及出风压力、风量等情况。

（9）开机后，检查余热换热洗浴前后机组洗浴出水温度、空气压缩机油温及压缩空气温度，及时调整参数，使系统处于正常运行状态。

5.4.2　维护保养

5.4.2.1　日常保养内容和标准

设备日常保养内容和标准如下：

（1）设备表面整洁、无油污，各部位不漏油，设备周围环境保持整洁。

（2）做好各设备运行记录并存档。

（3）严禁设备超负荷运行，按照设备操作运行要求安全运行。

（4）检查各压力表是否在正常范围、有无异常，检查各部件紧固情况，确保设备安全运行。

（5）检查各管路是否有渗漏以及阀门闭合情况。

（6）检查设备温度、压力，检测探头连接处有无松动。

（7）定时检查设备显示面板各数据是否在正常范围，检查水温、压力有无异。

（8）检查机组有无异响、震动，检测轴承温度、电机温度是否正常。

（9）定期检查备用设备，如电路、管路是否能正常工作。

（10）检查配电室各控制柜柜门是否闭合，电压、电流是否在正常范围，指示灯是否正常工作，有无异常气味。

5.4.2.2　定期保养内容与标准

（1）定期清理各设备管路过滤网，防止管路堵塞，影响设备运行。

（2）定期加注润滑脂，防止设备磨损严重，确保安全运行。

（3）定期检查水泵结垢情况，及时除垢，保持水泵正常运转。

（4）定期对设备进行保养，确保机组随时保持在可良好运行状态。

5.5　使用效果

温度统计情况如下：在使用空气压缩机节能改造及余热利用洗浴系统过程中，我们分别在8：00和23：00对洗浴水的温度进行测量，澡堂洗浴水温度监测明细见表5-8，澡堂洗浴水温度变化曲线如图5-16所示。

表5-8　澡堂洗浴水温度监测明细

日　　期	地　　点	上　　午		晚　　间	
		时间	室内温度/℃	时　　间	室内温度/℃
2019 年 11 月 7 日	澡堂	8：20	40	23：02	40
2019 年 11 月 16 日	澡堂	8：10	41	23：02	41
2019 年 11 月 28 日	澡堂	8：00	39	23：00	40
2019 年 12 月 2 日	澡堂	8：01	40	23：07	40
2019 年 12 月 10 日	澡堂	8：25	40	23：05	41
2019 年 12 月 23 日	澡堂	8：03	41	23：05	41
2020 年 1 月 10 日	澡堂	8：00	42	23：03	43
2020 年 1 月 16 日	澡堂	8：10	40	23：00	42
2020 年 1 月 21 日	澡堂	8：00	41	23：00	42
2020 年 2 月 2 日	澡堂	8：15	40	23：00	41
2020 年 2 月 11 日	澡堂	8：00	42	23：00	40
2020 年 2 月 20 日	澡堂	8：05	41	23：07	42
2020 年 3 月 5 日	澡堂	8：25	41	23：00	43
2020 年 3 月 15 日	澡堂	8：00	40	23：00	41
2020 年 3 月 21 日	澡堂	8：10	41	22：55	40

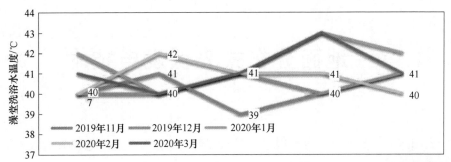

图 5-16 澡堂洗浴水温度变化曲线

图 5-16 彩图

6 地面分布式光伏发电技术

太阳能是人类取之不尽、用之不竭的可再生能源，光伏发电已成为太阳能利用最成熟、应用最广泛的技术之一，具有清洁、可再生、安全、无噪声、应用灵活等特点，是典型的绿色电力，具备显著的环保和经济效益。随着我国光伏发电应用规模不断扩大、技术持续进步、成本加速下降，光伏发电已成为新增电源投资的主力军。大力发展光伏发电是践行碳达峰碳中和目标，构建新型电力系统，实现能源绿色低碳转型的重要途径。中国太阳辐照总量等级和区域分布见表6-1。

表 6-1 中国太阳辐照总量等级和区域分布

等级带	年辐射总量 /MJ·m^{-2}	占国土面积 /%	主 要 区 域
最丰富带	≥6300	约 22.8	内蒙古额济纳旗以西、甘肃酒泉以西、青海100°E以西大部、西藏94°E以西大部、新疆东部边缘、四川甘孜部分地区
很丰富带	5040~6300	约 44.0	新疆大部、内蒙古额济纳旗以东大部、黑龙江西部、吉林西部、辽宁西部、河北大部、北京、天津、山东东部、山西大部、陕西北部、宁夏、甘肃酒泉以东大部、青海东部边缘、西藏94°E以东、四川中西部、云南大部、海南
较丰富带	3780~5040	约 29.8	内蒙古50°N以北、黑龙江大部、吉林中东部、辽宁中东部、山东中西部、山西南部、陕西中南部、甘肃东部边缘、四川中部、云南东部边缘、贵州南部、湖南大部、湖北大部、广西、广东、福建、江西、浙江、安徽、江苏、河南
一般带	<3780	约 3.3	四川东部、重庆大部、贵州中北部、湖北110°E以西、湖南西北部

6.1 光伏发电系统分类

6.1.1 独立型光伏发电系统

独立型光伏发电系统仅能为周边用户提供电能，亦称为离网光伏发电系统。

这种光伏发电系统是独立于电网单独运行的，对系统的成本要求相对较高，但是对于电能质量的要求不严格，一般为偏远地区或地势险要的山区供电，因此该系统为保证电能的储存都需要具备蓄电池。独立型光伏发电系统的结构示意图如图 6-1 所示。

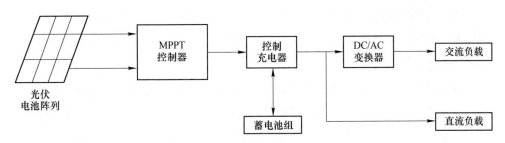

图 6-1　独立型光伏发电系统结构示意图

6.1.2　分布式光伏发电系统

6.1.2.1　分布式光伏发电过程及结构

　　首先光伏组件接受太阳的辐射能量并将其转化为电能，然后经过直流升压后达到逆变所要求的电压，升压后输送至逆变器，将直流电逆变为交流电，最后再输送至电网（见图 6-2）。分布式光伏发电系统的结构如下。

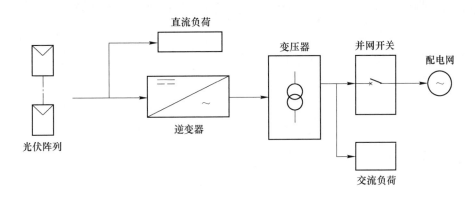

图 6-2　分布式光伏发电系统的结构示意图

　　（1）光伏组件。光伏组件是分布式光伏发电系统的基础单元，相对其他部件，其在整个光伏电站的投资中占比最高，且其对整个系统的成本和质量有直接影响。光伏组件是由多个光伏电池块串、并联组成。当接受太阳光照时，组件面板中的硅材料会产生光电效应，在电池板两端产生压降，形成电流，从而发电。

（2）逆变器。逆变器是将光伏组件面板产生的直流电转换成交流电的设备。只有交流电才能被广泛使用和并入国家电网。同时，逆变器还具有最大功率点跟踪和基本的保护功能。

（3）太阳跟踪控制系统。太阳能跟踪控制系统是一种保证组件面板时刻与太阳照射成垂直角的控制系统，使分布式光伏发电系统获得最高的太阳直射，产生更高的光电转换效率。

（4）储能电池。分布式光伏发电系统具有极强的不稳定性，由于其受时刻变化的光照，甚至温度、风速等影响，实时的发电功率是不可控的。其对并网电网的智能化和用电单元有一定的要求，而安装了储能电池的光伏发电系统可以平抑不稳定的发电功率，能在白天发电时对电能进行存储，并按照负载的要求进行释放。

6.1.2.2　分布式光伏发电系统优点

相比其他发电系统，分布式光伏发电系统不仅输出功率较小，还可规避集中式光伏发电系统对输电线路的依赖问题。集中式光伏发电系统需依托线路向电网输送电力，并在此基础上进行电力的统一调配，在此过程中系统运行极易受到电网的影响。分布式光伏发电系统的容量不大，电网不会对其发电效率产生任何干扰，且其制作成本较低，而工作效率却可与集中式光伏发电系统相媲美。

分布式光伏发电系统在运行过程中不会产生大量噪声，且施工单位通常将其安装在建筑物楼顶，周围居民的日常生活不会受到太多影响。分布式光伏发电系统的应用不会对环境造成污染，在发电过程中无需燃烧，只需太阳光照射便可发电，且太阳能向电能转换期间不会产生有害物质。分布式光伏发电系统还能与建筑工程高效结合，其结构可得到有效节省，安装成本也会进一步降低。

6.1.2.3　分布式光伏发电系统分类

分布式光伏发电系统是包括独立运行和并网运行两种类型的工作方式的一种建立在负荷中心的电能供应系统。一般，母线有直流母线和交流母线两种形式，分别如图 6-3 和图 6-4 所示。由图 6-3 可以看出，直流母线方式具有控制策略简单、操作容易、后续扩容工作开展简单的特点；而由图 6-4 可以看出，交流母线方式下的每一种发电单元都配有并网逆变器，系统可靠性高，但是后续扩容工作开展不易，系统容量通常较小。

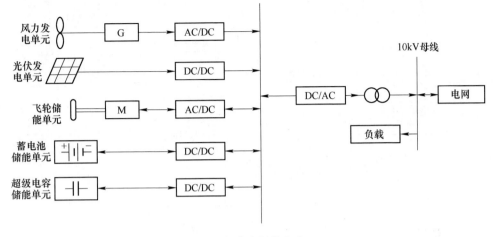

图 6-3　直流母线方式

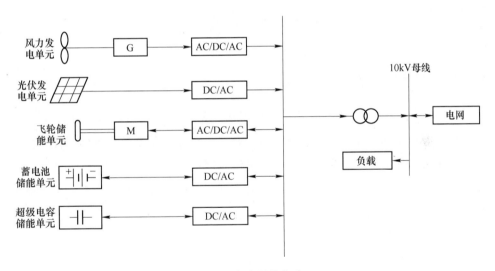

图 6-4　交流母线方式

6.1.3　并网型光伏发电系统

　　并网型光伏发电系统是一种无需蓄电池储能，直接将光伏阵列产生的直流电经逆变、滤波产生的符合国家标准的电能输送给公用电网的光伏发电系统。随光伏产业迅速发展，并网型光伏发电系统的应用前景十分可观。

　　并网型光伏发电系统的核心模块是功率主电路，以此为分类标准，可将发电系统分为两极式和单级式，光伏并网功率主电路分类如图 6-5 所示。

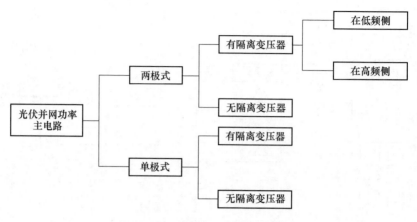

图 6-5　光伏并网功率主电路分类

6.2　光 伏 电 池

6.2.1　光伏电池工作原理

简单地说，光伏电池由很多 P-N 结构成，上面有一个栅线状的电极，后端为背电极，最外面有一个减反膜。太阳能电池的发电原理是基于半导体的光伏性质而产生的。如图 6-6 所示为光伏电池的工作原理示意图，在半导体器件中，电子-空穴对会因受到光照影响而形成。因为没有进行复合，所以环绕的 P-N 结的载流体会被引入带电区域。因此，即使没有施加任何电压，也会产生一个内电场，通过该内电场的作用，使电子向 N 区域流动，而空穴会向 P 区域流动。最后导致所有的电子都集中在 N 区域，而所有的空穴则聚集在 P 区域。因此，在 P-N 结的四周，将会形成一种与内部电场相异的"光生电场"，这种电场可在一定程度上消除势垒电场，并在 P 区域上施加正电位、N 区域施加负电位的情况下，产生电动势。光生电流 I_L 的方向与 P-N 结的反向偏压电流相同。在 I_L 通过负荷时，将会出现电压下降，从而导致 P-N 结的正向偏压，形成一个正向的 I_L。如图 6-6 所示，P-N 结的逆向电流之和是 I_L-I_F，其方向与经过负荷的电流是相同的，从而实现了光电转化。光伏电池的电路原理示意图如图 6-7 所示。

由图 6-7 可知，光伏电池为一个电流为 I_{ph} 的恒流源和一个二极管并联，当太阳光照射时，会产生光生电流 I_{ph}，根据基尔霍夫电流定律可得出光生电流与流

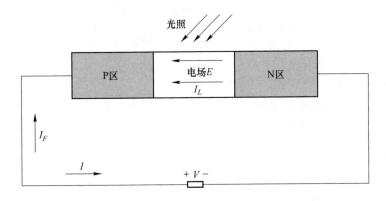

图 6-6　光伏电池工作原理示意图

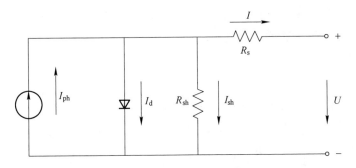

图 6-7　光伏电池的电路原理示意图

进等效二极管的电流 I_d、并联电阻的电流 I_{sh}、负载电流 I 的关系为:

$$I_{ph} = I + I_d + I_{sh} \tag{6-1}$$

负载电流为:

$$I = I_{ph} - (I_d + I_{sh}) \tag{6-2}$$

流入等效二极管的电流为:

$$I_d = I_o \left[\exp\left(\frac{U + IR_s}{a} - 1 \right) \right] \tag{6-3}$$

式中, 等效二极管端电压 a 可以表示为:

$$a = \frac{AKT}{q} \tag{6-4}$$

流过并联电阻的电压可以表示为:

$$U_{sh} = I_{sh}R_{sh} = U + IR_s \tag{6-5}$$

由式 (6-1)~式 (6-5) 可推出光伏电池的 I-V 特性方程为:

$$I = I_{ph} - I_d - I_{sh} = I_{ph} - I_o\left\{\exp\left[\frac{q(U + IR_s)}{AKT} - 1\right]\right\} - \frac{U + IR_s}{R_{sh}} \qquad (6-6)$$

式中　I_{ph}——光生电流，A；

　　　I_d——流进等效二极管的电流，A；

　　　I_{sh}——并联电阻的电流，A；

　　　I——负载电流，A；

　　　R_s——等效串联电阻，Ω；

　　　A——光伏电池内部的 P-N 结数；

　　　K——玻耳兹曼常数，为 1.38×10^{-23}，J/K；

　　　I_o——二极管反向饱和电流，A；

　　　U——负载电压，V；

　　　U_{sh}——流过并联电阻的电压，V；

　　　R_{sh}——并联电阻，Ω；

　　　T——热力学温度，℃；

　　　q——电子电荷量为 1.6×10^{-19}，C。

　　光伏电池在理想状态下，其并联电阻 R_{sh} 近似于无穷大，然而串联电阻 R_s 是极小的，可视为零，由于 R_{sh} 与 R_s 分别串联、并联在电路中，故而在理想状态可将其忽略，表示为：

$$I = I_{ph} - I_o\left[\exp\left(\frac{qU}{AKT} - 1\right)\right] \qquad (6-7)$$

　　由于需要接受太阳光的辐射，光伏组件都安装在露天位置，而光伏电站的核心设备就是光伏电池组件，因此，光伏电池组件必须在室外严酷的环境下有良好的耐候性，能够在安全稳定运行。当然，也需要考虑光伏电池将太阳光辐射转换为电能的转换效率，其效率公式为：

$$\eta = \frac{P_m}{P_{in}} \qquad (6-8)$$

式中　η——转换效率；

　　　P_m——最大功率；

　　　P_{in}——太阳入射率。

6.2.2　光伏电池分类

　　光伏电池所起的作用就是将太阳的辐射能转换为电能。从 20 世纪开始，人类就开始不断地探索光伏电池的制作材料和制作工艺，希望能制造出一种低成本、高效率的光伏电池。太阳能电池实际上就是一个由半导体材料制作成的大面积的 P-N 结。当太阳光照射到 P-N 结的一个面时，就会导致该区域形成一对自由电子和空穴，没有照射到太阳光那面的电子-空穴对迅速向对面移动，在无数电子-空穴对移动过程中，就形成了一个与太阳辐射强度成正比的电动势。由此可以看出，光伏电池组件是光伏电站中最基本，也是最基础的组件，电能的形成即是由光伏电池组件产生。光伏电池主要分为以下几种类型：太阳能光伏电池分类如图 6-8 所示。

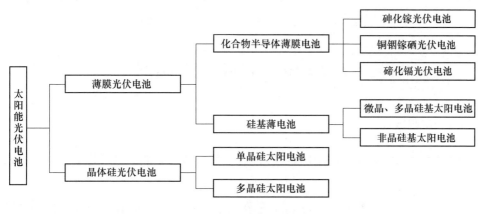

图 6-8　太阳能光伏电池分类

6.2.2.1　薄膜光伏电池

薄膜光伏电池具有生产能耗低、轻量化、可柔性等优点，在柔性设备和便携式可穿戴设备上具有广阔的应用前景。薄膜光伏电池根据薄膜的材质可分为砷化镓光伏电池、铜铟镓硒光伏电池和碲化镉光伏电池。虽然砷化镓光伏电池具有较高的光电转换效率，但由于镓的稀缺性和砷的有毒性，使砷化镓光伏电池成本高昂、工艺复杂，尚未实现规模化量产。

6.2.2.2　晶体硅光伏电池

目前，已开发出 PERC 晶体硅电池、TOPCon 单晶硅电池、HJT 单晶硅电池、IBC 单晶硅电池等多种晶体硅光伏电池。其中，PERC 晶体硅电池是当前技术最成熟、应用最广、市场占有份额最多的光伏电池。根据中国光伏行业数据显示，产业化的 p 型 PERC 晶体硅电池平均光电效率已达到 22.8%。高效率、低能耗、低成本、双面 PERC 技术是未来 PERC 技术发展的主要方向。晶体硅光伏电池又可分为单晶硅太阳电池和多晶硅太阳电池两种。

（1）单晶硅太阳电池。在人类最开始开发光伏发电技术时，单晶硅太阳电池的转换效率最高，工作状态也比较稳定，也是最先采用的电池种类，发展时间最长，技术也比较成熟，规模化生产的单晶硅太阳电池效率可达 17%~22%，但单晶硅太阳电池原材料的硅纯度要求较高，生产成本也较高，在 1998 年后，发展势头就不如多晶硅太阳电池。

（2）多晶硅太阳电池。相比单晶硅太阳电池而言，多晶硅太阳电池原材料的硅纯度不需要那么高，生产工艺也简化很多，生产成本较低，其转换效率比单晶硅稍低，为 16%~19%。近年来，多晶硅太阳电池发展非常快，如此大规模生产，进一步拉低了生产成本，已经占领了大量的市场份额。

6.3　榆树井煤矿应用案例

6.3.1　工程概况

内蒙古自治区鄂尔多斯市鄂托克前旗上海庙地区光能丰富，热量适中，降水稀少，为温带干旱区。主要气候资源指标为：

太阳年总辐射量 5711~6069MJ/m^2，年日照时数约 3000h，年平均气温 8~9℃，>0℃积温约 3700℃，>6℃积温约 3500℃，>10℃积温为 3200~3300℃，平均无霜期 150~195 天，多年平均年降水量在 300mm 以下。

上海庙矿区降水少，多年平均年降水量为 183.4~677.0mm，由南向北递减，六盘山地区为 600mm 以上，黄土丘陵区为 300~600mm，同心、盐池一带为 200~300mm，银川平原和卫宁平原约为 200mm。六盘山和贺兰山年均降水量分别为 766mm 和 430mm，是上海庙南、北多雨中心。年降水总量中，夏季占 51%~65%，冬季占 1%~2%，秋季占 20%~28%。

根据各地不同条件更好地利用太阳能，按太阳年总辐射量的大小，将中国划分为 4 个太阳能资源带。这 4 个太阳能资源带的年总辐射量指标见表 6-2。

表 6-2　中国太阳年总辐射量指标

资源带号	资源带分类	年总辐射量/MJ · (m^2 · a)$^{-1}$
I	资源极丰富带	≥6300
II	资源很丰富带	5040~6300

续表 6-2

资源带号	资源带分类	年总辐射量/MJ·(m²·a)⁻¹
Ⅲ	资源丰富带	3780~5040
Ⅳ	资源一般带	<3780

从表 6-2 可知，该地区适合太阳能利用项目。太阳能的利用分为两种方式，分别为光热直接供暖及光伏发电辅助供暖和非供暖季辅助发电自用。因榆树井煤矿洗浴热水已经通过空气压缩机余热解决，再进行光热项目研究，仅用于冬季供暖，利用率不高。且该地区冬季温度低，光热运行热损失大，光热项目用于冬季供暖，效果不是最佳。光伏发电不受温度影响，温度低时发电量相对偏高，一定程度上补偿了冬季因辐射照度不够产生的发电量下降；而且非供暖季可以补充矿区用电，加之日照时数比较充足，比较适合光伏发电项目的实施。

6.3.2 光伏发电并网系统主要配件选配

分布式光伏发电系统容量为 1500kW，光伏组件分别安装在各厂房屋顶和空闲场地，配置并网逆变器和汇流箱，光伏电力逆变为 380kV 交流后汇入汇流箱，并输入电网，光伏发电并网系统构成如图 6-9 所示。

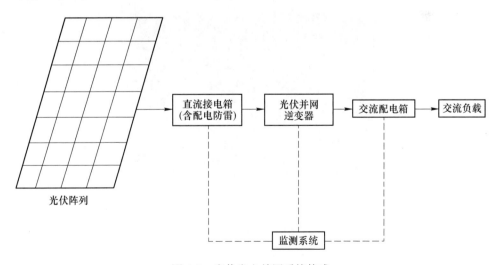

图 6-9 光伏发电并网系统构成

6.3.2.1 光伏组件

光伏系统采用 280Wp 多晶硅太阳电池组件（见图 6-10），其参数为：电池材料为多晶硅，电池组件尺寸 1650mm×992mm×35mm，电池组件重量 18.2kg，电池由 60 片多晶硅电池式串联组成，满足 IEC61215 标准，标称功率 270W，开路电压 38.51V，短路电流 9.138A，最佳工作电压 31.45V，最佳工作电流 8.611A，工作环境温度−40~85℃，正常使用 25 年后，组件输出功率损耗分列组串不超过初始值的 20%。

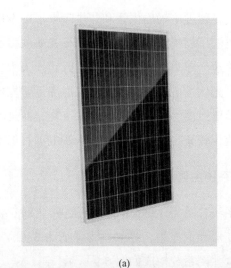

(a)

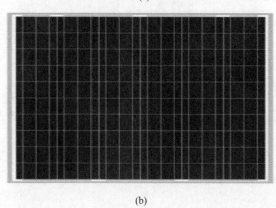

(b)

图 6-10　280Wp 多晶硅太阳电池组件

（a）280Wp 多晶硅太阳电池组件侧面；（b）280Wp 多晶硅太阳电池组件正面

6.3.2.2　光伏发电并网逆变器

光伏发电并网逆变器如图 6-11 所示，其参数如下。

（1）输入数据（直流）：最大推荐光伏输入功率 10400W，最大输入电压

图 6-11　光伏发电并网逆变器

1100V，启动电压 250V，额定电压 700V，输入电压范围为 200~1100V，MPPT 满载工作电压范围为 685~850V，MPPT 数量为 2，每路 MPPT 最大并联组串数量为 6，每路 MPPT 最大输入电流 A（B）为 38A（38A），每路组串最大输入电流 22A。

（2）输出数据（交流）：额定输出功率 80kW，最大输出视在功率 55.5kV·A，最大输出电压及范围分别为 500V 和 425~560V，最大输出频率及范围分别为 50Hz 和 60Hz 以及 -5~5Hz，最大输出电流 64.5A，功率因数为 0.8 超前~0.8 滞后，THDi<3%，交流连接类型为 3W+PE，最大效率 99%，中国效率 98.5%，MPPT 效率 99.5%。

6.3.2.3　设备防护

光伏发电并网系统的设备防护需具备 DC 记性反接保护、直流输入开关、Class Ⅱ 主流浪涌保护、绝缘阻抗检测、交流短路保护、Class Ⅱ 输出浪涌保护、组串熔丝保护、组串故障监控、防 PID（potential induced degradation）保护，可具备交流开关和 AFCI（arc-fault circuit-interrupter）保护。

6.3.2.4　监测系统

采用独立监测系统监测并网发电系统的运行状况，利用工控机采集数据，连续 24h 不间断地监测和记录所有并网逆变器的运行数据和故障数据，并通过大屏幕液晶电视显示：监测环境参数（温度、日照辐射的辐射量）；检测光伏发电并网系统的运行参数（电压、电流、功率、频率、发电量、CO_2 减排量等）。

系统运行显示，通过系统运行指示牌显示参数，该牌可以方便地通过 RS485 接口和直流或交流逆变器以及数字式发电量计量电表进行通讯。同时，可以外接日照传感器和温度传感器显示日照强度和温度。

6.3.2.5　防雷措施

防雷措施如下：

（1）防直击雷措施。直击雷是指直接落到太阳能电池阵列、低压配电线路、电气设备以及在其旁的雷击。防直击雷的基本措施是安装接闪器。把所有屋顶电池组件的钢结构材料与屋顶建筑的防雷网（避雷带）相连，并通过引下线连接至接地网，以达到防雷击的目的。

（2）防感应雷措施。远处雷击的强电磁脉冲会在光伏系统供电线路上产生浪涌过电压，损坏电气设备。在供电线路上加装相应的防雷浪涌保护器可有效防护感应雷电磁脉冲对光伏系统的干扰和损害。

6.3.3　安装过程

结合西部地区光能丰富、日照时间长的特点，充分利用太阳能免费能源，作为煤矿新能源综合利用和节能技术的有效补充，找到节能最佳平衡点。多晶硅光伏板将太阳能转化成电能，通过逆变技术将光伏发出的直流电转变成 380V 交流电，并将多路交流电汇合到一起，通过电缆线将交流电输送至并网柜，到并网柜的交流电再输送至煤矿 380V 地压供电系统中。

在联合福利室屋顶、机修车间屋顶、停车场等地点装置一套地面分布式光伏发电，安装和调试过程如下：

（1）安装 8 个并网点多晶硅光伏板。定制光伏板支架固定混凝土底座，加工光伏板支架，安装光伏板支架和光伏板，安装逆变器和汇流箱，敷设 8 个并网点至变电所（变电站）380V 低压电缆，安装计量柜和逆功率装置，安装远程监测控制系统。

（2）调试地面分布式光伏发电系统。每个并网点光伏板发电正常，无高出要求谐波，电压稳定，输出电压 390V，日发电量 7548kW·h，符合设计要求，逆变器和汇流箱运行正常，计量柜对每个光伏发电点计量准确。远程监测控制系统调试监测控制正常。

6.4 地面分布式光伏发电系统使用说明

6.4.1 开机操作

光伏系统送电后，不再进行开机操作，做好日常巡检维护工作即可。

6.4.2 巡检维护

6.4.2.1 光伏板巡检项目

光伏板巡检项目如下：

（1）检查电池板有无破损，要做到及时发现，及时更换。

（2）检查电池板连接线和接地线是否触良好，有无脱落现象。

（3）检查汇流箱接线处是否有发热现象。

（4）检查电池板支架、卡扣有无松动和断裂现象。

（5）检查并清理周围遮挡电池板的杂草。

（6）检查电池板表面有无遮盖物。

（7）检查电池板表面上有无鸟粪，必要时进行清理。

（8）检查电池板有无热斑，内部焊线有无变色及断线。

（9）检查电池板的清洁程度。

（10）大风天气应对电池板及支架进行重点检查。

（11）大雪天气应对电池板进行清理，避免电池板表面积雪冻冰。

（12）大雨天气应检查所有的防水密封是否良好，有无漏水现象。

（13）检查是否有动物进入，是否破坏电池板。

（14）冰雹天气应对电池板表面进行重点检查。

（15）光伏板连接处的 M4 头是否连接紧固、无松动。

6.4.2.2 逆变器巡检项目

逆变器巡检项目如下：

（1）通风滤网的积灰程度。

（2）逆变器直流柜内各表计是否正常，断路器是否脱扣，接线有无松动、发热及变色现象。

（3）逆变器通风状况和温度检测装置是否正常。

（4）有无过热现象存在。

（5）引线及接线端子有无松动，输入输出接续端子有无破损和变色的痕迹。

（6）逆变器各部连接是否良好。

（7）逆变器接地是否良好。

（8）逆变器室内是否有灰尘。

（9）风机是否运行正常，风道通风是否良好。

（10）逆变器各项运行参数设置是否正确。

（11）逆变器运行指示灯显示及声音是否正常。

6.4.2.3　汇流箱巡检项目

光伏防雷汇流箱的巡检应做到每月巡视一次，在巡视过程中必须按照规程的要求，至少由两人巡视，严禁单人巡视。巡视时主要检查汇流箱的外观和柜体固定螺栓是否松动，浪涌保护器（防雷装置）和电缆、正负极接线板有无异常。在检查时还要查看每一支路的电流，检查接线是否松动，接线端子及保险底座是否变色。在检查时还要看汇流箱内母排是否变色，螺栓是否紧固，接地是否良好，柜内断路器有无脱扣发热现象，汇流箱内的母排螺栓每年紧固一次。

6.5　经济效益

在西部地区开展的煤矿企业清洁能源综合利用和节能关键技术的创新研究与应用。清洁能源综合利用技术突破了传统锅炉水、气集中供暖思路，由单一的不环保、不安全、高耗能的锅炉供暖向多种的清洁、非化石能源综合利用的集控型、自控型、节能型、高效型供暖方式转变。创新地将碳晶供暖技术、多种余热提取利用技术、光伏发电技术融合在一起，通过理论研究、技术开发和推广应用等手段，形成一套适合西部地区取消锅炉后清洁供暖的新思路，实现了在西部高寒地区取消锅炉后清洁供暖的零突破。通过研究大规模应用碳晶供暖技术，同时利用光伏优势补充电耗，达到能耗平衡目的。通过对乏风余热、矿井水余热、空压机机油和压缩空气余热的回收利用，达到节能减排、出煤不用煤的目的，为推进煤矿企业绿色矿山建设打造新的典范。

榆树井煤矿取消了锅炉供暖，全部采用新能源供暖模式，配合光伏发电技术，年节省费用502.42万元，榆树井煤矿清洁能源综合利用技术项目性能指标见表6-3，锅炉供暖运行费用明细和清洁能源综合利用技术应用后供暖费用明细见表6-4和表6-5。

表 6-3 榆树井煤矿清洁能源综合利用技术项目性能指标

序号	关键技术	性 能 指 标										
1	生活办公区碳晶供暖技术	室内温度	20℃以上	升温时间	5min	清洁保养	无需任何清洁保养	舒适度	非常舒适,有舒适度温差	电热转换率	99.8%	
2	矿井水余热提取供暖技术	运行水温	15~17℃	系统复杂度	简单	维护保养	简单保养	能效比	4.6			
3	风井无风余热换热供暖利用井筒防冻保温技术	井口温度	8~10℃	出风温度	15~18℃	外形尺寸	11400mm×8680mm×8250mm	乏风通风面积	31.395m²	乏风风速	6.37m/s	出风风量 82m³/s
4	空气压缩机节能改造及余热利用洗浴技术	前级出水温度	38~42℃	后级出水温度	38~60℃	冷却水进水温度	32℃	排气温度	45℃	压缩机比功率	5.1kW/(m³·min^{-1})	进气流量 90~108m³/min
5	地面分布式光伏发电技术	电池组件尺寸	1650mm×992mm×35mm	电池组件重量	18.2kg	逆变器效率	98.50%	逆变器噪声指数	≤50dB(A)			
6	控制技术	自动化程度	全部	远程监控	全部	远程控制	全部	控制方式	PLC	通信协议	RS-485	

表 6-4 锅炉供暖运行费用明细

序号	项 目	数量	单价/元	总价/万元	备 注
1	自用煤	14000t	500	602.00	
2	电费	430000kW·h	0.88	37.80	
3	锅炉运营费	1项	980000	98.00	含药剂、人工费、配件费等
4	环保在线监测运维	1项	35000	3.50	
5	排污费	1项	50000	5.00	
6	脱硫除尘石灰粉	450t	196	8.82	
7	折旧	1项	1149000	114.90	
8	大修	1项	650000	65.00	
9	特种检测	1项	10000	1.00	
	合 计			936.02	

表 6-5 清洁能源综合利用技术应用后供暖费用明细

序号	类 别	电费用/万元	维护费/万元	折旧费/万元	合计/万元
1	碳晶板供暖	231.80	8.00		
2	风风换热供暖系	23.50	5.00	280.00	433.60
3	水源热泵供暖	93.20	18.00		
4	光伏发电	-240.90	15.00		

6.6 社 会 意 义

清洁能源综合利用和节能关键技术的应用符合国家能源产业发展政策，增加了政策性补贴及其他收益，同时为新能源在西部高寒地区的综合利用，起到了示范作用。清洁能源综合利用关键技术属于节能环保清洁能源开发利用项目，符合环境保护要求，经运行一年后，清洁能源供暖年可节约标准煤7000t，减排粉尘4.16t、SO_2 14.8t、氮氧化合物 24.1t。

光伏发电年节约标准煤 1312.686t，减排 CO_2 1792.8054t、粉尘 489.1104t、SO_2 54.9445t、氮氧化合物 26.973t；节约水资源 7192.8t。

煤矿清洁能源综合供暖系统的研究及其产业化开发顺应了我国能源战略与环境发展的需要，技术经济指标达到国内外先进水平，具有极大的工业应用价值与市场推广空间。可以预见，煤矿清洁能源综合利用供暖系统将会在西部地区煤矿清洁能源利用及节能技术研究领域占据重要的地位。

参 考 文 献

[1] 王超, 孙福全, 许晔. 碳中和背景下全球关键清洁能源技术发展现状 [J]. 科学学研究, 2022: 1-17.

[2] 苗杰民. 世界清洁能源发展研究综述 [J]. 山西农业大学学报 (社会科学版), 2013, 12 (7): 694-699.

[3] 武雅君. "双碳" 目标下我国清洁能源发电现状及发展趋势 [J]. 电气技术与经济, 2023 (1): 121-124.

[4] 林伯强. 能源革命促进中国清洁低碳发展的 "攻关期" 和 "窗口期" [J]. 中国工业经济, 2018 (6): 15-23.

[5] 王建良, 冯连勇. 化石能源资源约束与气候变化 [M]. 北京: 科学出版社, 2017.

[6] 黄其励. 西部清洁能源发展战略研究 [M]. 北京: 科学出版社, 2019.

[7] 中央党校课题组, 曹新. 中国新能源发展战略问题研究 [J]. 经济研究参考, 2011 (52): 2-19, 30.

[8] 卢纯. 开启我国能源体系重大变革和清洁可再生能源创新发展新时代——深刻理解碳达峰、碳中和目标的重大历史意义 [J]. 人民论坛·学术前沿, 2021 (14): 28-41.

[9] 张沈习, 王丹阳, 程浩忠, 等. 双碳目标下低碳综合能源系统规划关键技术及挑战 [J]. 电力系统自动化, 2022, 46 (8): 189-207.

[10] 郭彤荔. 我国清洁能源现状及发展路径思考 [J]. 中国国土资源经济, 2019, 32 (4): 39-42.

[11] 付丽苹, 刘爱东. 我国清洁能源发展的驱动力及对策研究 [J]. 经济学家, 2012 (7): 46-52.

[12] 王永中. 全球能源格局发展趋势与中国能源安全 [J]. 人民论坛·学术前沿, 2022 (13): 14-23.

[13] 黄海峰, 李鲜. 世界清洁能源发展现状 [J]. 生态经济, 2012 (5): 158-160.

[14] 张玉卓. 中国清洁能源的战略研究及发展对策 [J]. 中国科学院院刊, 2014, 29 (4): 429-436.

[15] 张所续, 马伯永. 世界能源发展趋势与中国能源未来发展方向 [J]. 中国国土资源经济, 2019, 32 (10): 20-27, 33.

[16] 卢风, 陈杨. 全球生态危机 [J]. 绿色中国, 2018 (3): 52-55.

[17] 马帅. 气候变化与阿拉伯国家可持续发展的挑战 [J]. 新经济, 2022 (1): 72-76.

[18] 薛进军. 关于气候风险、环境危机与能源安全的思考 [J]. 环境保护, 2021, 49 (8): 9-14.

[19] 李昕蕾．全球清洁能源转型与中国角色［J］．当代世界，2023（2）：16-22.

[20] 秦海岩．气候危机加剧，推进能源转型刻不容缓［J］．风能，2023（3）：1.

[21] 黄存瑞，刘起勇．IPCC AR6 报告解读：气候变化与人类健康［J］．气候变化研究进展，2022，18（4）：442-451.

[22] 肖萌，董璟琦，张红振，等．气候变化视角下的污染场地绿色可持续修复新方向［J］．中国环境管理，2023，15（2）：130-139.

[23] 王姣．从气候变化到气候危机［J］．世界环境，2020（1）：19-22.

[24] 苏布达，陈梓延，黄金龙，等．气候变化的影响归因：来自 IPCC AR6 WGⅡ的新认知［J］．大气科学学报，2022，45（4）：512-519.

[25] 惠婕．气候变化危机迫在眉睫［J］．世界环境，2022（1）：14-15.

[26] 戴铁军，周宏春．构建人类命运共同体、应对气候变化与生态文明建设［J］．中国人口·资源与环境，2022，32（1）：1-8.

[27] 褚召忍．生态环境部发布《2022 中国生态环境状况公报》［N］．中国冶金报，2023-06-08（008）．

[28] 孙士昌，岳小文，杜国敏，等．能源转型发展历程与趋势［J］．石油规划设计，2020，31（4）：5-9，54.

[29] 张浩楠，申融容，张兴平，等．中国碳中和目标内涵与实现路径综述［J］．气候变化研究进展，2022，18（2）：240-252.

[30] 殷卓成，杨高，王朝阳，等．制氢与 CCUS 关键技术耦合研究进展及展望［J］．现代化工，2022，42（11）：76-81.

[31] 杜炜，杜成戬．关于太阳能热利用技术发展趋势探究［J］．能源与节能，2023（3）：59-62.

[32] 林秀华，林彦．我国风能利用的现状与展望［J］．厦门科技，2010（1）：38-40.

[33] 中国石油新闻中心．地热能有望"热"起来［J］．天然气勘探与开发，2023，46（1）：96.

[34] 黄瑞荣，盛宣才，任开磊，等．生物能源发展现状与战略思考［J］．林业机械与木工设备，2021，49（6）：15-20.

[35] 李晓超，乔超亚，王晓丽，等．中国潮汐能概述［J］．河南水利与南水北调，2021，50（10）：81-83.

[36] 张沈习，王丹阳，程浩忠，等．双碳目标下低碳综合能源系统规划关键技术及挑战［J］．电力系统自动化，2022，46（8）：189-207.

[37] 杨龙，张沈习，程浩忠，等．区域低碳综合能源系统规划关键技术与挑战［J］．电网技术，2022，46（9）：3290-3304.

[38] 王宗永，陈睿山，王尧，等．碳中和背景下我国清洁能源发展所需矿产资源供需特征 [J]．地质学刊，2022：1-8．

[39] 苑淑雅．新疆高校建筑电采暖的适应性研究 [D]．乌鲁木齐：新疆大学，2019．

[40] 贾晨．碳纤维发热线电地暖热工性能实验及模拟研究 [D]．天津：天津大学，2018．

[41] 张人婕，王忠阳，王越．碳晶，电采暖替代燃煤锅炉典型案例 [J]．农村电工，2019，27 (4)：41．

[42] 厚荣斌，李少岩．碳晶加热采暖技术在公路收费站的应用研究 [J]．科技创新与应用，2017 (30)：49-51．

[43] 李衍素，赵云龙，贺超兴，等．碳晶电热板在日光温室黄瓜冬季育苗中的应用效果 [J]．中国农业大学学报，2014，19 (6)：126-133．

[44] 赵云龙，于贤昌，李衍素，等．碳晶电地热系统在日光温室番茄生产中的应用 [J]．农业工程学报，2013，29 (7)：131-138，296．

[45] 张明强．碳晶电热板间歇供暖的热工性能研究 [D]．哈尔滨：哈尔滨工业大学，2012．

[46] 谭羽非，国丽荣，陈家新，等．碳晶电热板采暖系统测试模拟及温控调节 [J]．哈尔滨：哈尔滨工业大学学报，2012，44 (6)：70-73．

[47] 张海桥．碳晶电热板系统运行调节的实验及模拟研究 [D]．哈尔滨：哈尔滨工业大学，2010．

[48] 葛铁军，张名剑，马浩然，等．碳晶/石墨复合电热膜的热辐射性能研究 [J]．功能材料与器件学报，2022，28 (2)：148-153．

[49] 王璇，韩伟国．碳晶电热板辐射系暖系统的研究与应用 [J]．中国新技术新产品，2015 (4)：145．

[50] 孙洪磊．碳晶电热板远红外辐射采暖在分散式供暖中的应用 [C]//中国光学学会红外与光电器件专业委员会，中国光学光电子行业协会红外分会，中国电子学会量子电子学与光电子学分会，国家红外及工业电热产品质量监督检验中心，中国光学学会锦州分会．全国第十四届红外加热暨红外医学发展研讨会论文及论文摘要集．红外技术，2013：65-68．

[51] 张明强．碳晶电热板间歇供暖的热工性能研究 [D]．哈尔滨：哈尔滨工业大学，2012．

[52] 汪靖凯．石墨烯基电热膜室内采暖应用研究 [D]．西安：西安建筑科技大学，2021．

[53] 林立，金鹏，马聪，等．自动化控制技术在节能环保领域的应用研究 [J]．清洗世界，2022，38 (7)：178-180．

[54] 牛鹏．基于热泵技术的热电厂循环水余热回收方案研究 [D]．长春：长春工程学院，2018．

[55] 朱冬冬．余热提取技术在煤矿热泵系统设计中的应用 [J]．煤炭工程，2014，46 (5)：

24-26.

[56] 左强，李康，陈建刚，等．煤矿回风余热用于井筒防冻的潜力分析［J］．中国煤炭，2019，45（1）：147-152.

[57] 鲍远东．高温矿井冷热能综合利用系统优化配置［D］．北京：北京建筑大学，2021.

[58] 徐国强．矿井低温余热综合利用技术研究与应用［J］．中国煤炭，2022，48（10）：103-108.

[59] 杜春涛，朱元忠，孟国营，等．矿井回风喷淋换热器换热效率数学模型研究［J］．煤炭工程，2015，47（10）：104-107.

[60] 朱福文，秦高威，马彦操．矿井余热综合利用技术研究与应用［J］．能源与环保，2019，41（4）：131-134.

[61] 朱晓宁，范守俊，安云龙．矿井排水低温余热回收利用技术研究及应用［J］．节能与环保，2022（4）：46-48.

[62] 王宁，张佳男，张爱琴，等．燃气锅炉烟气余热深度回收系统应用案例分析［J］．节能与环保，2019（7）：63-64.

[63] 罗舒杨，曹青．洗澡水余热收集利用装置［J］．科技与创新，2019（6）：68-69.

[64] 王治国．热电厂低温循环水余热回收利用工程实践［J］．节能，2021，40（10）：42-45.

[65] 苗慧源，郭利平．高炉水冲渣水余热回收设备设计与应用［J］．今日制造与升级，2023（2）：72-74.

[66] 林立，金鹏，马聪，等．自动化控制技术在节能环保领域的应用研究［J］．清洗世界，2022，38（7）：178-180.

[67] 岑曦．空气压缩机热能回收系统的开发［D］．上海：上海交通大学，2010.

[68] 张泽飞，殷卫峰，向艳蕾，等．煤矿空压机余热利用技术现状与展望［J］．煤质技术，2022，37（2）：26-30.

[69] 于涛．电子厂空压机热回收系统设计研究［D］．成都：西南交通大学，2020.

[70] 谢家林，田刚，戴怡．离心式空压机关键备件的国产化探索［J］．冶金动力，2023（1）：49-51，54.

[71] 王梦琦．离心式空压机进气预处理节能优化研究［D］．西安：西安工程大学，2020.

[72] 周亮，贾冠伟，郭泽宇，等．空压机余热回收利用技术［J］．液压与气动，2023，47（1）：22-31.

[73] 程艳．有油螺杆空压机余热回收的换热器选型及应用技术的研究［D］．西安：西安工程大学，2016.

[74] 魏景东，赵增海，郭雁珩，等．2021年中国光伏发电发展现状与展望［J］．水力发电，2022，48（10）：4-8.

［75］刘依明.光伏发电系统的控制策略研究［D］.济南：济南大学，2021.

［76］徐浩然.屋顶光伏发电系统储能并网的研究［D］.内蒙古：内蒙古科技大学，2022.

［77］徐浩然，李洁.屋顶光伏发电系统储能并网的设计［J］.大众标准化，2022（21）：88-90.

［78］韩志华，刘秦.分布式光伏发电系统电气设计分析［J］.光源与照明，2023（1）：133-135.

［79］夏鼎.分布式光伏发电系统电气设计［J］.中国科技信息，2021（16）：54-55.

［80］窦华东.14MW分布式光伏并网发电系统设计研究［D］.徐州：中国矿业大学，2021.

［81］肖佳，梅琦，黄晓琪，等."双碳"目标下我国光伏发电技术现状与发展趋势［J］.天然气技术与经济，2022，16（5）：64-69.

［82］赵登科.碳纤维电热地暖板热工性能研究［D］.哈尔滨：哈尔滨工业大学，2008.